面向"十二五"高职高专规划教材
国家骨干高职院校建设项目课程改革研究成果

维修电工

WEIXIU
DIANGONG

主　编　刘建英　师菊香
副主编　张鹏举
参　编　赛恒吉雅　任晓丹
主　审　王晓蓉　兰　洋

北京理工大学出版社
BEIJING INSTITUTE OF TECHNOLOGY PRESS

内容简介

本书以"典型任务"为驱动，以服务于"教、学、做、练"一体化学习模式为指导思想，规划教材的格式和内容。本书将全部学习与实践内容划分为五个项目：直流照明电路分析、安装与测试；电桥电路学习与测试；室内照明电路设计与安装；三相供电电路规划与安装；基本电气控制电路安装。编写过程中，编者力求做到语言通畅，内容由浅到深，层次清晰，任务典型，案例新颖，重点突出，细节翔实。

本书既可作为高职高专和中职技师院校电力系统自动化技术、电气自动化技术、生产过程自动化技术等专业学生的教材，也可作为电气工程师及电工技术人员的学习、参考资料和培训教材。

版权专有　侵权必究

图书在版编目（CIP）数据

维修电工/刘建英，师菊香主编 . —北京：北京理工大学出版社，2014.8（2020.10重印）

ISBN 978 - 7 - 5640 - 8909 - 2

Ⅰ.①维… Ⅱ.①刘…②师… Ⅲ.①电工－维修－教材 Ⅳ.①TM07

中国版本图书馆 CIP 数据核字（2014）第 038359 号

出版发行 /	北京理工大学出版社有限责任公司
社　　址 /	北京市海淀区中关村南大街5号
邮　　编 /	100081
电　　话 /	（010）68914775（总编室）
	82562903（教材售后服务热线）
	68948351（其他图书服务热线）
网　　址 /	http：//www.bitpress.com.cn
经　　销 /	全国各地新华书店
印　　刷 /	北京虎彩文化传播有限公司
开　　本 /	710毫米×1000毫米　1/16
印　　张 /	17.25
字　　数 /	298千字
版　　次 /	2014年8月第1版　2020年10月第6次印刷
定　　价 /	38.00元

责任编辑 / 张慧峰
文案编辑 / 张慧峰
责任校对 / 孟祥敬
责任印制 / 王美丽

图书出现印装质量问题，请拨打售后服务热线，本社负责调换

内蒙古机电职业技术学院
国家骨干高职院校建设项目"电力系统自动化技术专业"
教材编辑委员会

主　任	白陪珠	内蒙古自治区经济和信息化委员会　副主任	
		内蒙古机电职业技术学院校企合作发展理事会　理事长	
	张美清	内蒙古机电职业技术学院　院长	
		内蒙古机电职业技术学院校企合作发展理事会　常务副理事长	
副主任	张　德	内蒙古自治区经济和信息化委员会电力处　处长	
		校企合作发展理事会电力分会　理事长	
	张　鹏	内蒙古电力科学研究院高压所　所长	
	林兆明	内蒙古京隆发电有限责任公司　纪委书记	
	王大平	内蒙古电力学校　校长	
	张　华	包头市供电局550kV变电管理处　副处长	
	刘利平	内蒙古神华亿利能源有限公司　总经理	
	接建鹏	内蒙古电力科学研究院计划部　副部长	
	孙喜平	内蒙古机电职业技术学院　副院长	
		内蒙古机电职业技术学院校企合作发展理事会　秘书长	
委　员	董学斌		包头供电局高新变电站
	陈立平	杨秀林	内蒙古神华亿利能源有限公司
	刘鹏飞	赵建利	内蒙古电力科学研究院
	李俊勇		内蒙古国电能源投资有限公司准大发电厂
	邢笑岩	李尚宏　齐建军	内蒙古京隆发电有限责任公司
	马海江		鄂尔多斯电力冶金股份有限公司
	王靖宇		内蒙古永胜域500kV变电站
	毛爱英		中电投蒙东能源集团公司——通辽发电总厂
	吴　岩		内蒙古霍煤鸿俊铝电有限责任公司
	徐正清		中国电力科学研究院
	王金旺	刘建英	内蒙古机电职业技术学院
秘　书	李炳泉		北京理工大学出版社

序 PROLOGUE

从20世纪80年代至今的三十多年,我国的经济发展取得了令世界惊奇和赞叹的巨大成就。在这三十年里,中国高等职业教育经历了曲曲折折、起起伏伏的不平凡的发展历程。从高等教育的辅助和配角地位,逐渐成为高等教育的重要组成部分,成为实现中国高等教育大众化的生力军,成为培养中国经济发展、产业升级换代迫切需要的高素质高级技能型专门人才的主力军,成为中国高等教育发展不可替代的半壁江山,在中国高等教育和经济社会发展中扮演着越来越重要的角色,发挥着越来越重要的作用。

为了推动高等职业教育的现代化进程,2010年,教育部、财政部在国家示范高职院校建设的基础上,新增100所骨干高职院校建设计划(《教育部 财政部在关于进一步推进"国家示范性高等职业院校建设计划"实施工作的通知》教高[2010]8号)。我院抢抓机遇,迎难而上,经过申报选拔,被教育部、财政部批准为全国百所"国家示范性高等职业院校建设计划"骨干高职院校立项建设单位之一,其中机电一体化技术(能源方向)、电力系统自动化技术、电厂热能动力装置、冶金技术4个专业为中央财政支持建设的重点专业,机械制造与自动化、水利水电建筑工程、汽车电子技术3个专业为地方财政支持建设的重点专业。

经过三年的建设与发展,我院校企合作体制机制得到创新,专业建设和课程改革得到加强,人才培养模式不断完善,人才培养质量得到提高,学院主动适应区域经济发展的能力不断提升,呈现出蓬勃发展的良好局面。建设期间,成立了由政府有关部门、企业和学院参加的校企合作发展理事会和二级专业分会，构建了"理事会——二级专业分会——校企合作工作站"的运行组织体系，形成了学院与企业人才共育、过程共管、成果共享、责任共担的紧密型合作办学体制机制。各专业积极与企业合作，适应内蒙古自治区产业结构升级需要，建立与市场需求联动的专业优化调整机制，及时调整了部分专业结构；同时与企业合作开发课程，改革课程体系和教学内容；与企业技术人员合作编写教材，编写了一大批与企业生产实际紧密结合的教材和讲义。这些教材、讲义在教学实践中，受到老师和学生的好评，普遍认为理论适度，案例充实，应用性强。随着教学的不断深入，经过老师们的精心修改和进一步整理，汇编成册，付梓出版。相信这些汇聚了一线教学、工程技术人员心血的教材的出版和推广应用，一定会对高职人才的培养起到积极的作用。

在本套教材出版之际，感谢辛勤工作的所有参编人员和各位专家！

张曼莠

内蒙古机电职业技术学院院长

前 言
PREFACE

"维修电工"是一门实践性很强的公共学习领域课程。随着科学技术的飞速发展，维修电工技术已发展到相当成熟的阶段，但基础知识点仍是必不可少的。本书的编写遵循电力系统自动化技术专业岗位职业标准和人才质量培养标准，归纳总结出基于工作过程系统化的课程开发方法。

本书是编者在多年从事维修电工教学和科研的基础上编写的，融入了丰富的经验和成果。包含五个项目：项目一直流照明电路的分析、安装与测试包含三个任务，详细介绍了简单电路的分析设计、电路元件的识别与检测以及电路各点电位的分析计算；项目二电桥电路的学习与测试包含两个任务，主要进行直流线性电阻性电路和电桥电路的分析；项目三室内照明电路设计与安装包含五个任务，从实用角度出发讲述交流电压表和电流表的使用、日光灯照明电路的设计安装与故障排除、各类元件和正弦交流电路的特性分析；项目四三相供电电路的规划与安装包含两个任务，介绍了三相交流电路的分析和三相负载的连接以及分析；项目五基本电气控制电路的安装包含四个任务，主要介绍各类控制电路的安装。

本书由内蒙古机电职业技术学院刘建英、师菊香担任主编，负责总体规划和统筹全书；由内蒙古师范大学张鹏举担任副主编。其中，项目一和项目五由师菊香编写，项目二由刘建英编写，项目三和项目四由张鹏举编写。

本书由王晓蓉和兰洋主审，参加编写工作的还有内蒙古机电职业技术学院赛恒吉雅和任晓丹等老师，他们对本书的编写工作提出了许多宝贵的意见和建议，在此表示衷心的感谢。

在编写过程中，查阅和参考了大量文献资料，得到许多启发；同时也得到学校领导的重视和支持。在此，向参考文献的作者和学校表示衷心的感谢。

编者本着认真负责、精益求精的态度，尽可能将错误率降到最低。由于编者水平有限，书中难免存在不当和谬误，恳请相关专家和读者批评指正。

编　者

目 录
CONTENTS

项目一　直流照明电路的分析、安装与测试 ………… 1

任务一　简单电路的分析设计 …………………………… 1
知识链接一　电路的组成和作用 ………………… 1
知识链接二　电路的基本物理量 ………………… 3
知识链接三　电路的三种状态和电气设备的
　　　　　　　额定值 ………………………… 8

任务二　电路元件的识别与检测 ………………………… 14
知识链接　电阻、电容、电感等电路元器件
　　　　　的特性 …………………………… 14
典型任务实施——电阻、电容、电感电路元器件的
　　　　　　　　识别和检测 ………………… 19

任务三　电路各点电位的分析计算 ……………………… 29
知识链接一　基尔霍夫定律 ……………………… 29
知识链接二　简单电阻电路的计算 ……………… 34
典型任务实施——分析复杂直流电路，并进行实
　　　　　　　　验操作 ……………………… 45
典型任务实施——电流表、电压表量程扩大改装
　　　　　　　　并校验 ……………………… 49

项目二　电桥电路的学习与测试 ························· 55

任务一　直流线性电阻性电路的分析计算 ············· 55
知识链接一　电压源和电流源的等效互换 ············ 55
知识链接二　支路电流分析法 ························ 62
知识链接三　戴维南定理及其等效变换 ·············· 64

任务二　电桥电路的分析与测试 ······················· 68
知识链接一　电桥的分类与作用 ······················ 68
知识链接二　惠斯登电桥的结构、原理及应用 ······ 71

项目三　室内照明电路设计与安装 ····················· 77

任务一　交流电压表、交流电流表的使用 ············· 77
知识链接一　电工测量的基本知识 ··················· 77
典型任务实施——电路基本参数的测量 ············· 82
知识链接二　兆欧表、功率表和电度表的使用
方法 ·· 85

任务二　日光灯照明电路的设计与安装 ··············· 94
知识链接　正弦交流电的特征及表示方法 ·········· 94

任务三　日光灯照明电路的故障排除 ················· 101
知识链接一　照明电路的基本知识 ·················· 101
知识链接二　配电板的制作 ·························· 103
典型任务实施——1只单联开关控制1盏白
炽灯电路的安装与故障
排除 ·· 107
典型任务实施——2只单刀双掷开关控制1
盏白炽灯电路的安装与故
障排除 ······································· 109
典型任务实施——电感式镇流器日光灯电路的
安装、测试与故障排除 ············· 110

典型任务实施——家庭简单照明电路的安装与
　　　　　　故障排除 ………………………………… 113
任务四　电阻元件、电感元件及电容元件的特性分析 ……… 115
　　知识链接一　单一参数正弦交流电路 ………………… 115
　　知识链接二　RLC 串联电路和 RLC 并联电路 ……… 122
任务五　正弦交流电路的分析 …………………………… 126
　　知识链接　电路谐振及其应用 ………………………… 126

项目四　三相供电电路的规划与安装 …………………… 137

任务一　三相交流电路的分析 …………………………… 137
　　知识链接　正弦交流电路的分析方法 ………………… 137
任务二　三相负载的连接和分析 ………………………… 141
　　知识链接　三相电路的基本知识 ……………………… 141

项目五　基本电气控制电路的安装 ……………………… 159

任务一　点动控制电路的安装 …………………………… 159
　　知识链接　常用低压电器的结构及工作原理 ………… 159
　　典型任务实施——CJT1-10 型交流接触器的拆装 …… 173
任务二　自锁控制电路的安装 …………………………… 175
　　知识链接一　电气控制识图的基本知识 ……………… 175
　　知识链接二　基本控制线路的装接步骤和工艺要求 … 179
　　知识链接三　三相异步电动机的启停控制 …………… 182
任务三　正反转控制电路的安装 ………………………… 186
　　知识链接一　电气控制系统的保护环节 ……………… 186
　　知识链接二　三相异步电动机的正、反转控制 ……… 188
　　知识链接三　三相异步电动机的行程控制 …………… 192
　　知识链接四　三相异步电动机手动控制线路的装接 … 193
　　知识链接五　三相异步电动机点动控制线路的装接 … 199
　　知识链接六　三相异步电动机连续控制线路的装接 … 204

知识链接七　三相异步电动机点动与连续复合控制
　　　　　　线路的装接 ………………………………… 209
知识链接八　三相异步电动机双重互锁正、反转
　　　　　　控制线路的装接 …………………………… 212
知识链接九　三相异步电动机自动往返行程控制
　　　　　　线路的装接 …………………………………… 217

任务四　三相异步电动机其他典型控制电路的装接 ………… 221
　　知识链接一　降压启动方式及原理 …………………… 221
　　知识链接二　顺序控制电路 …………………………… 230
　　知识链接三　多地控制电路 …………………………… 232
　　典型任务实施——三相异步电动机串电阻降压启动
　　　　　　　　　控制电路装接 ………………………… 234
　　典型任务实施——三相异步电动机 Y-△ 转换降
　　　　　　　　　压启动控制电路装接 ………………… 237
　　典型任务实施——顺序控制电路装接 ………………… 241
　　典型任务实施——三相异步电动机多地控制电路
　　　　　　　　　装接 …………………………………… 245
　　知识链接三　制动控制电路 …………………………… 248
　　典型任务实施——制动控制电路装接 ………………… 253

附录　常用低压电器的图形和文字符号 ……………………… 262

项目一

直流照明电路的分析、安装与测试

任务一 简单电路的分析设计

知识链接一 电路的组成和作用

一、实际电路及其作用

在日常的生产和生活中,各种各样的电路被广泛应用。电路都是由实际元器件按一定的方式连接的,从而可形成电流的通路。实际电路的种类很多,所以不同电路的形式和结构也各不相同,但简单电路一般都是由电源、负载、连接导线、控制和保护装置这四个部分按照一定方式连接起来的闭合回路。虽然实际应用中的电路是多种多样的,但就其功能来说可概括为两个方面:一方面是进行能量的传输、分配与转换,如电力系统中的输电电路等;另一方面是实现信息的传递与处理,如收音机和电视机电路等。如图1-1所示为日常生活中用的手电筒外形和实际电路,它也由电源、负载、连接导线、控制和保护装置这四部分组成。

1. 电源:干电池

电源是电路中电能的提供者,是将其他形式的能量转化为电能的装置。图1-1中的干电池可将化学能转化为电能。含有交流电源的电路叫作交流电路,含有直流电源的电路叫作直流电路,常见的直流电源有干电池、蓄电池和直流发电机等。

2. 负载:灯泡

负载,即用电装置,它可将电源供给的电能转换为其他形式的能量。图1-1中的灯泡可将电能转换为光能和热能。

3. 控制和保护装置:开关

控制和保护装置可用来控制电路的通断,从而保证电路正常工作。

4. 连接导体或导线：金属外壳

连接导体或导线是连接电路，可输送和分配电能。

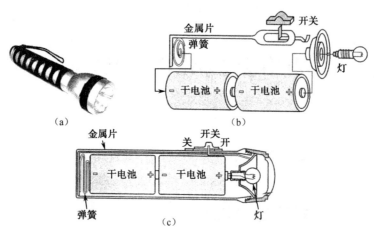

图1-1 手电筒外形与实际电路
(a) 手电筒实物图；(b) 手电筒内部电路；(c) 手电筒结构

二、电路模型

图1-1所示的电路对于分析器件的接法和原理是很有用的，但要用它对电路进行定量分析和计算，则是非常困难的。因此，通常用一些简单但却能够表征电路主要电磁性能的理想元件来代替实际部件。这样，一个实际电路就可以由多个理想电路元件的组合来模拟了，这样的电路就称为电路模型。

建立电路模型的意义十分重大，因为实际电气设备和器件的种类繁多，但理想电路元件只有有限的几种，所以建立电路模型可以使对电路的分析大大简化。同时值得注意的是，电路模型反映了电路的主要性能，而忽略了它的次要性能，因而电路模型只是实际电路的近似，二者不能等同。

关于实际电路部件的模型概念还需要强调以下几点：

(1) 理想电路元件是具有某种确定电磁性能的元件，是一种理想的模型，在实际中是并不存在的，但它却在电路理论分析与研究中充当着重要角色。

(2) 不同的实际电路部件，只要具有相同的主要电磁性能，在一定条件下都可用同一模型来表示，如只表示消耗电能的理想电阻元件 R（电灯、电阻炉、电烙铁等），只表示存储磁场能量的理想电感元件 L（各种电感线圈），只表示存储电场能量的理想电容元件 C（各种类型的电容器）。这三种是最基本的理想电路元件,它们可以代表种类繁多的各种负载。

(3) 同一个实际电路部件在不同的应用条件下,它的模型也可以有不同的形式。如实际电感器应用在低频电路中,可以用理想电感元件 L 来代替;应用在较高频率的电路中,可以用理想电感元件 L 与理想电阻元件 R 串联来代替;应用在更高频率的电路中,则可以用理想电感元件 L 与理想电阻元件 R 串联后,再与理想电容元件 C 并联来代替。

将实际电路中的各个部件用其模型符号来表示,这样画出的图称为实际电路的电路模型图,也称作电路原理图。如图 1-2 所示就是图 1-1 所示的手电筒实际电路的电路原理图。实际上,各种电气元件都可以用图形符号或文字符号来表示。常用电气元件符号见表 1-1。如何建立一个实际电路的模型是较复杂的问题,本书不再详细介绍,在这里本书主要分析研究已经建立的电路模型。

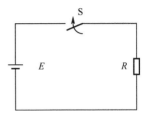

图 1-2 手电筒的电路原理图

表 1-1 常用电气元件符号

元件名称	符　号	元件名称	符　号
固定电阻		电容	
可调电阻		可调电容	
电池		无铁芯电感	
开关		有铁芯电感	
电流表		相连接的交叉导线	
电压表		不相连接的交叉导线	
电压源		接地	
电流源		保险丝	

知识链接二　电路的基本物理量

电路的基本物理量包括电流、电压、电位、电功率和电能等,它们的符号及单位如表 1-2 所示。

表1-2 电路的基本物理量的符号及单位

物理量的名称	物理量符号	单位名称	单位符号
电流	I	安（培）	A
电压	U	伏（特）	V
电位	ϕ	伏（特）	V
电功率	P	瓦（特）	W
电能	W	焦（耳）或度	J 或 kW·h

一、电流

在电场力的作用下，带电粒子有规则的定向运动就形成了电流。习惯上规定正电荷运动的方向为电流的方向，表示电流强弱的量叫作电流强度，其在大小上等于单位时间内通过导体横截面的电荷量。设在 dt 时间内通过导体横截面的电荷为 dq，则通过该横截面的电流为：

$$i = \frac{dq}{dt} \quad (1-1)$$

在一般情况下，若电流是随时间而变的，则称为交流电流。但如果电流不随时间而变，即 dq/dt = 常量时，则称这种电流为直流电流，用大写字母 I 表示，它所通过的路径就是直流电路。在直流电路中，式（1-1）可写成：

$$I = \frac{Q}{t} \quad (1-2)$$

式中，Q 是在时间 t 内通过导体横截面的电荷量。

电流的单位是 A，$1A = \frac{1C}{1s} = \frac{1库}{1秒}$。除安培外，常用的电流单位还有 kA（千安）、mA（毫安）和 μA（微安），它们之间的换算关系是：

$$1kA = 10^3 A$$
$$1A = 10^3 mA$$
$$1A = 10^6 \mu A$$

对于简单的电路，电流实际方向可以根据电源极性很容易判断，所以可以直接标出。但在电路分析中，实际电路往往比较复杂，某一段电路中的电流实际流动方向在分析计算前很难判断出来，因此很难在电路中标明电流的实际方向。由于这些原因，引入了电流"参考方向"的概念。

在计算前首先任意选定某一个方向作为电流的参考方向，然后根据参考方向进行电路的相关计算。如计算出的电流为正值（$I>0$），则电流的参考方向与它的实际方向一致；如计算出的电流为负值（$I<0$），则电流的参考方向与它的实际方向相反，如图1-3所示。

项目一 直流照明电路的分析、安装与测试

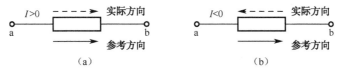

图1-3 电流参考方向与它的实际方向间的关系
(a) 方向相同 (I>0); (b) 方向相反 (I<0)

因此,在指定的电流参考方向下,电流值的正和负,就可以反映出电流的实际方向。

电流的参考方向是可以任意指定的,在电路中一般用箭头表示,也有用双下标来表示参考方向的,如 I_{ab},其参考方向是由 a 指向 b。

二、电压

如图1-4所示,电源的两个极板 a 和 b 上分别带有正、负电荷,所以这两个极板间就存在一个电场,其方向是由 a 指向 b 的。当用导线和负载将电源的正负极连接成为一个闭合电路时,正电荷在电场力的作用下由正极 a 经导线和负载流向负极 b (实际上是自由电子由负极经负载流向正极),从而形成电流。电压是衡量电场力做功的物理量,我们定义:a 点至 b 点间的电压 U_{ab} 在数值上等于电场力把单位正电荷由 a 点经外电路移到 b 点所做的功。

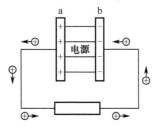

图1-4 电场力对电荷做功

电压的单位为伏特,英文符号为 V,即 $1V = \frac{1J}{1C}$。在工程中还可用 kV (千伏)、mV (毫伏) 和 μV (微伏) 为计量单位,它们之间的换算关系是:

$$1kV = 10^3 V$$
$$1V = 10^3 mV = 10^6 \mu V$$
$$1mV = 10^3 \mu V$$

电压的实际方向定义为,正电荷在电场中受电场力作用(电场力做正功时)移动的方向。与电流一样,电压也有自己的参考方向,电压的参考方向也是可任意指定的。在电路中,电压的参考方向可以用一个箭头来表示,也可以用正(+)、负(-)极性来表示,正极指向负极的方向就是电压的参考方向,还可以用双下标来表示,如 U_{AB} 表示 A 和 B 之间电压的参考方向由 A 指向 B (见图1-5)。同样,在指定的电压参考方向下计算出的电压值的正负,就可以反映出电压的实际方向。

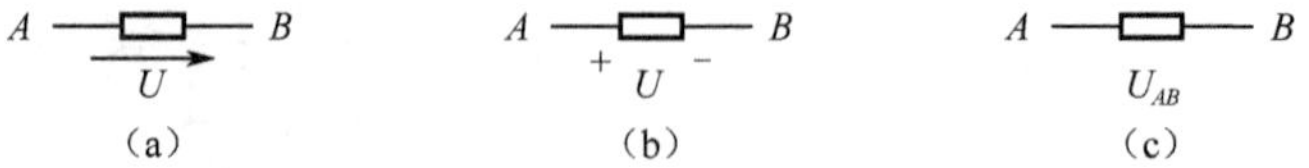

$$A \xrightarrow{\quad U \quad} B \qquad A \xrightarrow{+ \; U \; -} B \qquad A \xrightarrow{\quad U_{AB} \quad} B$$

（a）　　　　　　　（b）　　　　　　　（c）

图 1-5　电压的参考方向表示

(a) 箭头表示法；(b) 极性表示法；(c) 双下标表示法

"参考方向"在电路分析中起着十分重要的作用。一段电路或一个元件上电压的参考方向和电流的参考方向是可以独立地加以任意指定的，如果指定电流从电压"+"极性的一端流入，并从标以"-"极性的另一端流出，即电流的参考方向与电压的参考方向一致，则把电流和电压的这种参考方向称为关联参考方向。

三、电位

在电路中任选一点为参考点，则某点到参考点的电压就叫作这一点（相对于参考点）的电位。参考点在电路中的电位设为零，所以称为零电位点，在电路图中用符号"⊥"来表示，如图 1-6 所示。电位用符号 ϕ 表示，A 点电位记作 ϕ_A。

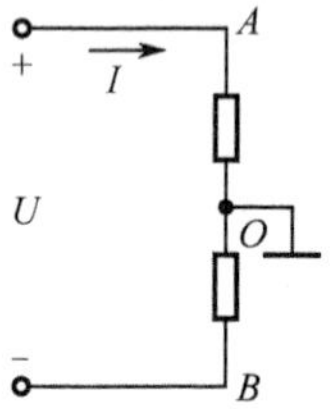

当选择 O 点为参考点时，则

$$\phi_A = U_{AO} \tag{1-3}$$

图 1-6　电位示意图　如果 A 点和 B 点的电位分别为 ϕ_A 与 ϕ_B，则

$$U_{AB} = U_{AO} + U_{OB} = U_{AO} - U_{BO} = \phi_A - \phi_B \tag{1-4}$$

因此，两点间的电压就是该两点的电位之差，而电压的实际方向是由高电位点指向低电位点的，所以有时也将电压称为电压降。

注意：

电路中各点的电位值是与参考点的选择有关的，所以当所选的参考点变动时，各点的电位值也将随之变动。因此，参考点一经选定，在电路分析和计算的过程中，将不能随意更改。另外，在电路中不指定参考点，而谈论各点的电位值是没有意义的。习惯上认为参考点自身的电位为零，即 $\phi_0 = 0$，所以参考点也叫零电位点。

四、电能、电功率

当正电荷从电路电压的"+"极，经元件移到电压的"-"极时，是电场力对电荷做功的结果，这时元件吸取能量。相反地，当正电荷从电路电压的"-"极经元件移到电压"+"极时，元件向外释放能量。

对于直流电能

$$W = UIt \tag{1-5}$$

式中，W——电路所消耗的电能，单位为焦耳（J）；
  U——电路两端的电压，单位为伏特（V）；
  I——通过电路的电流，单位为安培（A）；
  t——所用的时间，单位为秒（s）。

电能的一个常用单位是焦耳（J），但在实际应用中，电能的另一个常用单位是千瓦时（kW·h），1千瓦时就是常说的1度电。它们之间的换算关系为：

$$1 度 = 1 kW \cdot h = 3.6 \times 10^6 \ (J) \quad (1-6)$$

电功率表征电路元件或一段电路中能量变换的速度，其值等于单位时间（秒）内元件所发出或接受的电能。电功率的公式为：

$$P = \frac{W}{t} = \frac{UIt}{t} = UI \quad (1-7)$$

式中，P 为电路吸收的功率，单位为瓦特（W）。U，I，t 的单位分别为伏特（V）、安培（A）、秒（s）。常用的电功率单位还有千瓦（kW）、毫瓦（mW），它们之间的换算关系为：

$$1 kW = 10^3 W = 10^6 mW$$

当电压和电流为关联参考方向时，电功率（用 P 表示）可用式（1-7）求得；当电压和电流为非关联参考方向时，电功率 P 则可由式（1-8）求得。

$$P = -UI \quad (1-8)$$

若计算得出 $P > 0$，则表示该部分电路吸收或消耗功率；若计算得出 $P < 0$，则表示该部分电路发出或提供功率。

以上对功率的有关讨论同样适用于任何一段电路，而不局限于某一个元件。

例 1-1 一空调器正常工作时的功率为 1 214W，设其每天工作 4 小时，若每月按 30 天计算，试问一个月该空调器耗电多少度？若每度电电费为 0.80 元，那么使用该空调器一个月应缴电费多少元？

解：空调器正常工作时的功率为：

$$1\ 214W = 1.214kW$$

则该空调器使用一个月耗电：

$$W = Pt = 1.214 \times 4 \times 30 = 145.68 \ (kW \cdot h)$$

所以使用该空调器一个月应缴电费

$$145.68 \times 0.80 \approx 116.54 \ (元)$$

例 1-2 试求图 1-7 中元件的功率，并说明是吸收功率还是发出功率。

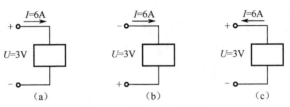

图1-7 例1-2电路图

解：图1-7（a）中，电压与电流为关联参考方向，则 $P = UI = 3 \times 6 = 18$（W），$P > 0$，所以该元件吸收功率；

图1-7（b）中，电压与电流为非关联参考方向，则 $P = -UI = -3 \times 6 = -18$（W），$P < 0$，所以该元件发出功率；

图1-7（c）中，电压与电流为非关联参考方向，则 $P = -UI = -3 \times 6 = -18$（W），$P < 0$，所以该元件发出功率；

例1-3 试求图1-8中各元件的功率。

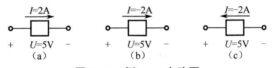

图1-8 例1-3电路图

解：图1-8（a）中，电压与电流为关联参考方向，则 $P = UI = 5 \times 2 = 10$（W），$P > 0$，所以吸收功率。

图1-8（b）中，电压与电流为关联参考方向，则 $P = UI = 5 \times (-2) = -10$（W），$P < 0$，所以发出功率。

图1-8（c）中，电压与电流为非关联参考方向，则 $P = -UI = -5 \times (-2) = 10$（W），$P > 0$，所以吸收功率。

知识链接三 电路的三种状态和电气设备的额定值

一、电路的工作状态

灯泡是否发光显示了所处电路的工作状态，电炉是否发热也显示了电路的工作状态，还有一些电路没有明显的标志显示其状态，但是可以通过对电路有关电学量的测量分析来判断电路的工作状态。另外，我们还经常在很多用电器上看到诸如"警告""WARNING"等标志，禁止电路处于某些状态，这又是什么原因呢？

如图1-9所示，当开关接通时，灯泡发光，表明电路处于导通状态；当开关断开或电线断裂、接头松脱时，灯泡不发光，表明电路处于断开状态。

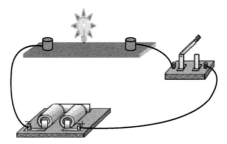

图1-9 灯泡为什么会发光

电路的工作状态一般分为三种：有载状态、短路状态和开路（断路）状态，它们分别如图1-10所示。

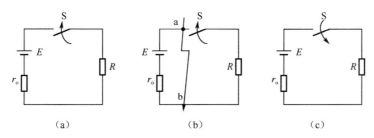

图1-10 电路的工作状态

(a) 有载状态；(b) 短路状态；(c) 开路（断路）状态

1. 有载状态

在如图1-10（a）所示的电路中，当开关S闭合后，电源与负载接成闭合回路，电源处于有载工作状态，电路中有电流流过。

2. 短路状态

在如图1-10（b）所示的电路中，当a、b两点接通时，电源被短路，此时电源的两个极性端直接相连。当电源被短路时往往会造成严重的后果，如导致电源因发热过甚而损坏，或因电流过大而引起电气设备的机械损伤，因而要绝对避免电源被短路。所以在实际工作中，应经常检查电气设备和线路的绝缘情况，以防止发生电源短路事故。此外，还应在电路中接入熔断器等保护装置，以便在发生短路事故时能及时切断电路，从而达到保护电源及电路元器件的目的。

3. 开路（断路）状态

在如图1-10（c）所示的电路中，当开关S断开或电路中某处断开时，被切断的电路中没有电流流过。开路又叫断路。

二、电气设备的额定值

1. 额定工作状态

任何电气设备在使用时，若电流过大或温升过高都会导致绝缘的损坏，甚至烧坏设备或元器件。所以为了保证正常工作，制造厂商对产品的电压、电流和功率都规定了使用限额，称为额定值。额定值通常标在产品的铭牌或说明书上，以此作为使用依据。

电源设备的额定值一般包括额定电压 U_N、额定电流 I_N 和额定容量 S_N。其中 U_N 和 I_N 分别指电源设备安全运行所规定的电压和电流限额；额定容量 $S_N = U_N I_N$，它表征了电源最大允许的输出功率，但电源设备工作时不一定总是输出规定的最大允许电流和功率，究竟输出多大还取决于所连接的负载。

负载的额定值一般包括额定电压 U_N、额定电流 I_N 和额定功率 P_N。对于电阻性负载，由于这三者与电阻 R 之间具有一定的关系式，所以它的额定值不一定全部标出。

2. 超载、满载、欠载

电气设备工作在额定值情况下的状态称为额定工作状态（又称"满载"）。这时电气设备的使用是最经济合理和安全可靠的，因为这时不仅能充分发挥设备的作用，而且能够保证电气设备的设计寿命。若电气设备超过额定值工作，则称为"过载"或"超载"。由于温度升高需要一定时间，因此电气设备短时过载不会立即损坏，但过载时间较长，就会大大缩短电气设备的使用寿命，甚至会使电气设备损坏。若电气设备低于额定值工作，则称为"欠载"。在严重的欠载情况下，电气设备就不能正常合理地工作或者充分发挥其工作能力。过载和严重欠载都是在实际工作中应避免的。

想一想

短路会产生什么后果？在实际的生产和生活中应如何防止短路？

拓展与延伸

1. 熔断器

熔断器又称熔丝，通常是由熔点比较低的铅锑合金材料制成的。当通过熔丝的电流超过一定数值（即额定电流）时，熔丝就会因发热过多而很快熔断，从而起到保护电路中其他器件的作用。常见的熔丝如图 1-11 所示。

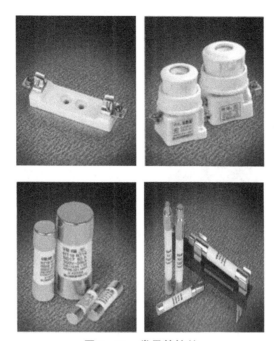

图1-11　常见的熔丝

2. 电源

广义地讲，能把非电能转换成电能而向用电器供电的装置均称为电源。电源可分为直流电源和交流电源，常用的电源包括干电池、太阳能电池、火力发电机组、水力发电机组和核电动机组等，如图1-12、表1-3、表1-4所示。

(a)

(b)

图1-12　风力、水力发电站

(a) 风力发电站；(b) 水力发电站

表1-3 直流电源

名 称	实 物 图	用 途
直流电源	（a）干电池（1.5V） （b）蓄电池（12V，6A·11h） （c）直流电源：0～500V/250mA	收录机及计算器等使用的便于携带的干电池；模型飞机及汽车引擎启动等使用的蓄电池和在一定范围内能自由改变电压的直流电源装置等。直流电源均有两个电极（正、负极）

表1-4 交流电源

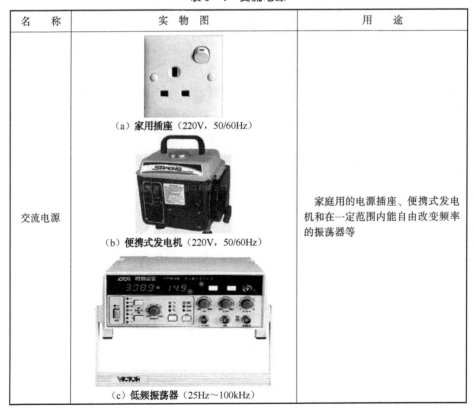

名 称	实 物 图	用 途
交流电源	（a）家用插座（220V，50/60Hz） （b）便携式发电机（220V，50/60Hz） （c）低频振荡器（25Hz～100kHz）	家庭用的电源插座、便携式发电机和在一定范围内能自由改变频率的振荡器等

衡量电源内部搬运电荷能力的物理量称为电动势，通常用符号 E 表示，电动势的单位也是伏特。

电池的串联可以增加电动势，以满足电路对大电动势的要求。但是串联以后的电池组的内阻也相当于几个电阻的串联，所以如果相互串联的几个电池中有一个是老化或损坏的（内阻比正常电池要大得多），就会使整个电池的电阻大大增加，也就会使整个电池组无法正常发挥作用，所以一般不把新旧电池混合使用。

电池组并联后，虽然没有增加电动势，但使总的内阻减小了，所以就会使整个电池输出的电流增加。但是，由于电池之间存在一定的差异，所以即使是同一型号、同一批次的电池，它们的内阻之间也会存在差异。因此，这就使得各电池中通过的电流不平衡，内阻小的电池中会通过超过其正常值的电流，从而容易造成电池发热甚至烧毁，所以一般不将电池并联使用。

练习与思考

一、填空题

（1）电路中有正常的工作电流，则电路的状态为_____。
（2）按照习惯规定，导体中_____运动的方向为电流的方向。
（3）电流的标准单位是_____。
（4）在直流电路中，电流的_____和_____恒定，不随时间变化。
（5）单位正电荷从某点移动到另一点时_____所做的功定义为电压。
（6）电动势与电源端电压之间总是大小_____、方向_____。
（7）规定在外电路中，电流从_____流向_____。
（8）直流电压表的测量机构一般都是_____仪表。

二、判断题

（1）电压方向总是与电流方向一致。（　　）
（2）引入电位概念后，电压方向可定义为电位降低的方向。（　　）
（3）与参考点有关的物理量是电位。（　　）
（4）电路中任意两点间的电位差与电位参考点的选择有关。（　　）
（5）电源将其他形式的能转换为电能，电路中的负载将电能转换为其他形式的能。（　　）
（6）同一电源的正极电位永远高于其负极电位。（　　）
（7）在直流电路的电源中，把电流流出的一端叫电源的正极。（　　）
（8）电流表要与被测电路并联。（　　）

三、简答题

(1) 联系实例简述电路的概念、简单电路的组成和各部分的作用。

(2) 电路通常有哪几种工作状态？各有什么特点？

(3) 家用电器所标称的"瓦数"是表示电器正常工作用电的容量，如果瓦数乘以使用时间就是所用的电能。试根据表 1-5 所示的电器参考品名，结合具体情况调查某家庭家用电器消耗电能的状况。

表 1-5 家用电器耗电计算表

品　名	消耗功率/kW	日均使用时间/h	月均消耗电能/（kW·h）（每月按30天计算）
电冰箱			
电饭煲			
电热水器			
照明用电灯			
⋮			

如果消耗电能 0.55 元/度，请大致计算你的家庭月均消耗电能支出费用。

任务二　电路元件的识别与检测

知识链接　电阻、电容、电感等电路元器件的特性

一、电阻元件

电阻元件是反映消耗电能这一物理现象的一个二端电路元件，它可分为线性电阻元件和非线性电阻元件。对于线性电阻元件，在任何时刻它两端的电压与其电流的关系都满足欧姆定律。电压与电流参考方向的关系见图 1-14。

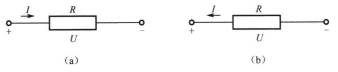

(a)　　　　　　　　　　　(b)

图 1-14　电压与电流参考方向的关系

(a) 关联参考方向；(b) 非关联参考方向

当电压与电流为关联参考方向如图 1-14 (a) 所示，
$$U = IR \tag{1-9}$$

当电压与电流为非关联参考方向时如图 1-14 (b) 所示，
$$U = -IR \tag{1-10}$$

如果把电阻元件的电压取为纵坐标（或横坐标），电流取为横坐标（或纵坐标），画出电压和电流的关系曲线，则这条曲线被称为该电阻元件的伏安特性曲线。线性电阻元件的伏安特性曲线是通过坐标原点的直线，它表明元件中的电压与元件中的电流成正比，见图 1-15。

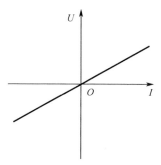

图 1-15　线性电阻元件的伏安特性曲线

令 $G = \dfrac{1}{R}$，G 定义为电阻元件的电导，则式 (1-9) 变成 $I = GU$。

电阻的单位为欧姆（Ω），简称欧；电导的单位为西门子（S）。

如果电阻元件电压的参考方向与电流的参考方向相反（见图 1-14 (b)），则欧姆定律应写为 $U = -IR$ 或 $I = -GU$，所以公式必须与参考方向配套使用。

若电压和电流为关联参考方向，则任何时刻线性电阻元件吸取的电功率为：

$$P = UI = RI^2 = \dfrac{U^2}{R} \qquad (1-11)$$

由于电阻 R 是一个与电压 U、电流 I 无关的正实常数，所以功率 P 恒为非负值。这说明任何时刻的电阻元件都绝不可能发出电能，也就是说，它吸收的电能全部转换成其他非电能量而被消耗掉或作为其他用途。所以，线性电阻元件（$R>0$）不仅是无源元件，并且还是耗能元件，因为它总是消耗功率的。

与线性电阻元件不同，非线性电阻元件的伏安特性曲线不是一条通过原点的直线，所以元件上的电压和元件的电流之间不满足欧姆定律，且元件的电阻随电压或电流的改变而改变。因此，为了叙述方便，把线性电阻元件简称为电阻。这样，"电阻"这个术语以及它相应的符号 R，一方面表示一个电阻元件，另一方面也表示这个元件的参数。

二、电容元件

在工程中，电容元件应用极为广泛。电容元件虽然品种和规格很多，但就其构成原理来说，都是由两块金属极板间隔以不同的介质（如云母、绝缘纸、电解质等）所组成的。当加上电源后，极板上会分别聚集起等量异性的电荷，从而在介质中建立起电场，并存储电场能量。当电源移去后，电荷可以继续聚集在极板上，电场继续存在。所以，电容元件是一种能够存储电场能量的实际电路元件，这样就可以用一个只存储电场能量的理想元件——电容元件作为它的模型。

线性电容元件是一个理想无源二端元件，它在电路中的图形符号如图1-16所示，其中 C 称为电容元件的电容，单位是法拉（F）；u 为两端变化的电压；i 为两端变化的电流，即交流电压电流的瞬时值。

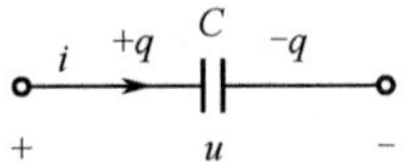

图1-16 线性电容元件的图形符号

电容极板上的电荷量 q 与其两端的电压 u 有以下关系：

$$q = Cu \tag{1-12}$$

当 $q=1C$、$u=1V$ 时，$C=1F$。实际电容器的电容往往比1F小得多，因此通常采用微法（μF）和皮法（pF）作为电容的单位，它们之间的关系是：

$$1F = 10^6 \mu F = 10^{12} pF$$

当电容极板间电压 u 变化时，极板上电荷 q 也随着改变，因此电容器电路中出现电流 i。如果指定电流参考方向为流进正极板，即与电压 u 的参考方向一致，如图1-16所示，则电流

$$i = \frac{dq}{dt} = C\frac{du}{dt} \tag{1-13}$$

由式（1-13）可知，在任何时刻，线性电容元件中的电流都与该时刻电压的变化率成正比。当元件上的电压发生剧变（即 $\frac{du}{dt}$ 很大）时，电流很大；当元件上的电压不随时间变化时，则电流为零，这时的电容元件相当于开路。在直流电路中，电容上即使有电压，但 $i=0$，还是相当于开路，所以线性电容元件有隔断直流（简称隔直）的作用。

在电压和电流的关联参考方向下，线性电容元件吸收的功率为：

$$P = ui = Cu\frac{du}{dt} \tag{1-14}$$

从 t_0 到 t 时间内，线性电容元件吸收的电能为：

$$W_C = \int_0^t pdt = \int_0^t uidt = \int_0^t C\frac{du}{dt}udt = \int_{u(0)}^{u(t)} Cudu = \frac{1}{2}Cu(t)^2 - \frac{1}{2}Cu(t_0)^2 \tag{1-15}$$

如果我们选取 t_0 为电压等于零的时刻，即有 $u(t_0)=0$，此时电容元件处于未充电状态，电场能量为零，则从 t_0 到 t 时间内，电容元件存储的电场能量为：

$$W_C = \frac{1}{2}Cu^2 \tag{1-16}$$

它等于元件在任意时刻 t_2 和起始时刻 t_1 的电场能量之差。

当电容元件充电时，$|u(t_2)| > |u(t_1)|$，$W_C(t_2) > W_C(t_1)$，所以 $W_C > 0$，电容元件吸收能量，并将能量全部转换成电场能量；当电容元件放电时，$|u(t_2)| < |u(t_1)|$，$W_C(t_2) < W_C(t_1)$，所以 $W_C < 0$，电容元件释放电场能量。因此，若电容元件原先没有充电，那么它在充电时吸取并存储起来的能量一定在放电完毕时全部释放，它并不消耗能量。所以，电容元件是一种储能元件。同时，电容元件也不会释放出多于它所吸收或存储的能量，因此它又是一种无源元件。

因此，为了叙述方便，把线性电容元件简称为电容。所以，"电容"这个术语以及它的相应符号 C，一方面表示一个电容元件，另一方面也表示这个元件的参数。

电容器是为了获得一定大小的电容特意制成的元件，但是电容的效应在许多别的场合也存在。如一对架空输电线之间就有电容，因为一对输电线可视作电容的两个极板，输电线之间的空气可视为电容极板间的介质，这就相当于电容器的作用。又如晶体三极管的发射极、基极和集电极之间也都存在着电容。就是一只电感线圈，各线匝之间也都有电容，不过像这种所谓的匝间电容是很小的。所以若电感线圈中的电流和电压随时间变化不明显时，其电容效应可忽略不计。

三、电感元件

由导线绕制而成的线圈或把导线绕在铁芯或磁芯上就构成一个常用的电感器。线圈中通以电流 i 后，就会在线圈内部产生磁场，从而产生磁通 ϕ_L。若磁通 ϕ_L 与线圈 N 匝交链，则磁通链 $\Phi_L = N\phi_L$，见图 1-17（该图中同时画出了线性电感元件在电路中的图形符号）。

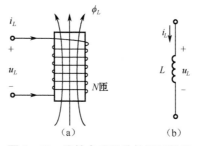

图 1-17 线性电感元件的图形符号
(a) 电感器；(b) 图形符号

ϕ_L 和 Φ_L 都是由线圈本身的电流产生的，所以叫作自感磁通和自感磁通链。一般规定，磁通 ϕ_L 和磁通链 Φ_L 的参考方向与电流 i_L 的参考方向之间满足右螺旋关系。在这种关联的参考方向下，在任何时刻，线性电感元件的自感磁通链 Φ_L 与元件中的电流 i_L 的关系：

$$\Phi_L = Li_L \tag{1-17}$$

式中，L 为该元件的自感或电感。

在 SI 单位制中，磁通和磁通链的单位都是韦伯（Wb），自感的单位是亨利（H），简称亨。有时还采用毫亨（mH）和微亨（μH）作为自感的单位，它们的换算关系为：

$$1H = 10^3 mH = 10^6 \mu H$$

在电感元件中，当电流 i 随时间变化时，磁通链 Φ_L 也随之改变，此时元件两端感应有电压，此感应电压就等于磁通链的变化率。当在电压和电流的关联参考方向下时，电压的参考方向与磁通链的参考方向间为右螺旋关系（见图 1-17 (a)），根据楞次定律可知，感应电压

$$u_L = \frac{d\phi_L}{dt} = L\frac{di_L}{dt} \tag{1-18}$$

由式（1-18）可知，在任何时刻，线性电感元件上的电压与该时刻电流的变化率成正比。电流变化快，感应电压高；电流变化慢，感应电压低。当电流不随时间变化时，则感应电压为零，这时线性电感元件就相当于短接线，所以直流电电感就相当于导线。

在电压和电流的关联参考方向下，线性电感元件吸收的功率为：

$$p = u_L i_L = Li_L \frac{di_L}{dt} \tag{1-19}$$

从 t_0 到 t 时间内，线性电感元件吸收的磁场能量为：

$$W_L = \int_0^t p dt = \int_0^t u_L i_L dt = L\int_{i_L(t_0)}^{i_L(t)} i_L d(i_L) = \frac{1}{2}Li_L^2(t) - \frac{1}{2}Li_L^2(t_0) \tag{1-20}$$

它等于元件在任意时刻 t 和起始时刻 t_0 的磁场能量之差。如果我们选取 t_0 为电流等于零的时刻，即有 $i_L(t_0) = 0$，此时电感元件没有磁通链，其磁场能量为零，因此在上述条件下，电感元件在任何时刻 t 所存储的磁场能量 $W_L(t)$ 将等于它所吸收的能量，即

$$W_L(t) = \frac{1}{2}Li_L^2(t) \tag{1-21}$$

当电流 i 增加时，$W_L(t_2) > W_L(t_1)$，所以 $W_L > 0$，电感元件吸收能量，并将能量全部转换成磁场能量；当电流 i_L 减少时，$W_L(t_2) < W_L(t_1)$，所以

$W_L<0$，电感元件释放磁场能量。因此，电感元件并不把吸收的能量全部消耗掉，而是以磁场能量的形式存储在磁场中。所以，电感元件也是一种储能元件。同时，电感元件也不会释放出多于它所吸收或存储的能量，因此它又是一种无源元件。

典型任务实施——电阻、电容、电感电路元器件的识别和检测

电路元件，如电阻器、电容器、电感器等是组成电路最基本的元件，它们的质量和性能的好坏直接影响着电路的性能。因此，无论是在设计、生产、使用、调试或维护等工作中都必须掌握对这些元件的测量方法。

一、实施目标

（1）了解电阻器、电容器、电感器的标识、测量方法以及常见故障和故障检测方法，并练习使用万用表测量各种电路元件的参数；

（2）掌握不同标识的电路元件的识读方法，并和仪表读数进行对比，从而学会用实验数据探究元件性能好坏的检测方法。

二、实施器材

（1）万用表　1块/组；
（2）电容　若干/组；
（3）电阻　若干/组；
（4）电感　若干/组；
（5）电工实验台　1台/组。

三、实施原理

（一）电阻器

1. 电阻器的作用和表述

电阻器在电路中多用来进行限流、分压、分流以及阻抗匹配等，也有在数字电路中作为提拉（上拉）电阻使用的，它是电路中应用最多的元件之一。电阻器的代表符号为 R，单位是欧姆（符号 Ω）。为了表示区分，一般将普通电阻标定为 R，可调电阻用 VR 表示，热敏电阻用 TR 表示，等等。电阻的单位换算关系为：

$$1\mathrm{M}\Omega = 10^3\mathrm{k}\Omega = 10^6\Omega$$

电阻主要参数有：标称阻值、误差等级和额定功率。

电阻的标识方法有直标法和色环法。

2. 电阻的标识方法

1) 直标法

直标法是指直接将电阻的类别和主要技术参数的数值标注在电阻的表面上。如图1-18（a）所示为碳膜电阻（T为碳膜，H为合成碳膜，J为金属膜，X为线绕），阻值为1.2kΩ，精度（误差）为10%。

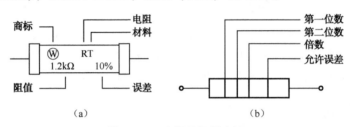

图1-18 电阻的标识方法

(a) 直标法；(b) 色环法

2) 色环法

色环法有两种形式：四道色环法和五道色环法。

四道色环：第1、2色环表示阻值的第一、第二位数字，第3色环表示前两位数字再乘以10的次方，第4色环表示阻值的允许误差，如图1-18（b）所示。

五道色环：第1、2、3色环表示阻值的3位数字，第4色环表示前3位数字再乘以10的次方，第5色环表示阻值的允许误差。第1至第4道（4色标为3道）色环是均匀分布的，另外一道是间隔较远分布的，读取色环时应该从均匀分布的那一端开始。也可以从色环颜色断定从电阻的那一端开始读，最后一环只有三种颜色。

在色环法中，每种不同的颜色所对应的数值及误差如表1-6所示。

表1-6 电阻的色环标识对应值

色环颜色	黑	棕	红	橙	黄	绿	蓝	紫	灰	白	金	银	本色
对应数值	0	1	2	3	4	5	6	7	8	9	/	/	/
误差											±5%	±10%	±20%

3) 电阻额定功率的直接标识方法（见图1-19）

电阻的额定功率一般常见的有1/8W，个别数字电路会用到1/4W，而电源电路或大功率驱动会用到1/2W，甚至更大。当替代电阻器和电位器时，要注意元件的阻值和额定功率。

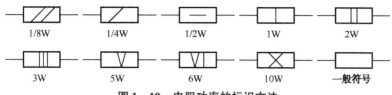

图1-19 电阻功率的标识方法

3. 电阻器的串联和并联

当多个电阻器串联时，总容量 $R = R_1 + R_2 + R_3 + \cdots$；当两个电阻器并联时，总容量 $R = (R_1 \times R_2) / (R_1 + R_2)$。电阻串、并联后总功率为：$W = W_1 + W_2 + W_3 + \cdots$，即串、并联小功率电阻可以代替大功率电阻。但是要注意，串或并联两个以上不同阻值的电阻时，其分担的功率是不同的。

4. 测量电阻的方法

判断电阻是否正常最简便的办法就是使用万用表，用万用表的两个表笔直接测量电阻的两端即可判断。用万用表测量电阻的过程可以分解为四个步骤：

选量程→调零→测试→读数

一般的电阻是可以在线测量的，因此在线阻值和标称阻值差别不大，但有些电路设计电阻的两端连接其他的电路形成并联，这样阻值就会降低，有些甚至降低一半还要多，那么此时就要用电烙铁焊起电阻的一端进行测量。因为属于并联，所以大部分情况下在线测量的阻值是低于标称阻值的。但如果测量出的阻值高于标称阻值，那么有几种可能：一是电阻断路；二是色标看错；三是万用表错误（使用错误或者电池电量低等原因）。

由于模拟式万用表电阻挡刻度的非线性，使得刻度误差较大（应合理选择量程，使指针尽可能偏转至刻度中心的位置），测量误差也较大，因而模拟式万用表只能做一般性的粗略检查测量。数字式万用表测量电阻的误差要比模拟式万用表的误差小，但用它测量阻值较小的电阻时，相对误差仍然比较大。

其他测量电阻的方法包括电桥法和伏安法。当对电阻值的测量精度要求很高时，可用电桥法进行测量。伏安法是一种间接测量法，当用伏安法进行测量时，先直接测量被测电阻两端的电压和流过它的电流，然后再根据欧姆定律 $R = \dfrac{U}{I}$ 算出被测电阻的阻值。伏安法原理简单，测量方便，尤其适用于测量非线性电阻的伏安特性。伏安法有电流表内接和电流表外接两种测量电路，当电流表内阻小于被测量电阻时用电流表内接测量电路。

5. 电阻常见故障

(1) 阻值变化。一般都是变大，用万用表可以直接查出（注意在线测量会有误差），此故障无法修理只能换新的电阻。

(2) 断路。用万用表测量时，表针指示无穷大。

(3) 内部接触不良。工作时有微小跳火花现象，所以会给仪器带来杂音、噪声，仪器性能也时好时坏，只能在坏时进行检查并更换。

6. 其他种类的电阻

电位器是一种具有三个接头的可变电阻器，代表符号为 W。它可以带开关，也可以不带开关，可分为可调电位器（调整幅度不超过 360°）和多圈可调电位器。它的测量方法和常见故障与电阻器的相似。当测量电位器时，先测量电位器两固定端之间的总固定电阻，然后再测量滑动端对任意一端之间的电阻值。当进行测量时，应缓慢调节滑动端的位置，观察电阻值的变化情况，阻值指示应平稳变化，没有跳变现象，而且滑动端从开始调到另一端时，应滑动灵活，松紧适度，听不到"咝咝"的噪声，否则说明滑动端接触不良，或滑动端的引出机构内部存在故障。电位器的标称一般采用 3 位数字标注，前两位是有效数值，后一位是 10 的幂数，例如 1k 的电位器应标注成 102，10 是有效数字，2 表示 10 的 2 次方，这样组合起来就是 1 000，也就是 1k，同样 103 表示 10k，223 表示 22k，202 表示 2k。

水泥电阻，在电视机和开关电源里面常会看到，它是一种巨大的白色电阻，电阻值很低，一般在几十欧姆甚至几欧姆，开路是最常见的故障，这种电阻一般用在假负载上，所以用手触摸时烫手是正常的。水泥电阻的阻值一般直接标注在电阻上面。

热敏电阻，对温度敏感，根据温度的变化改变阻值，可作为不精确温度测量使用，也可用作电源电路的过流保护。根据不同的用途，热敏电阻的体积不同，但温度范围都很宽，都可以在很高或者很低的温度下工作，有些可直接浸入在液体内工作。

压敏电阻，对电压敏感，一般用于电源过压保护，并联在电源的输入端，当电压高于标称范围时，即刻短路烧毁上一级保险，从而保护后级电路。这种电阻的阻值在正常情况下很大，几乎开路，但发挥保护作用时阻值很小，接近短路。压敏电阻可分为一次性电阻和自恢复型电阻。

光敏电阻，对光敏感，目前已很少采用，现在一般都使用光电管替代光敏电阻。

（二）电容器

1. 电容器的作用和表述

电容器在电路中多用来滤波、隔直、耦合交流、旁路交流及与电感元件构成振荡电路等，也是电路中应用最多的元件之一。电容器可分为无极性电容和有极性电容。

电解电容是目前应用较多的电容器，它体积小、耐压高，是有极性电容。正极是金属片表面上形成的一层氧化膜，负极是液体、半液体或胶状的电解液。因其有正、负极之分，所以电解电容一般工作在直流状态下。但如果极性用反，将使漏电流剧增，在此情况下，电解电容将会因急剧变热而损坏，甚至引起爆炸。电解电容常见的有铝电解电容和钽电解电容两种，铝电解电容有铝制外壳，但钽电解电容没用外壳，但钽电解电容体积小价格昂贵。电解电容大多用在电源电路中，对电源进行滤波。铝电解电容采用负极标注，就是在负极端进行明显的标注，一般是从上到下的黑或者白条，条上印有"－"标记。新购买的铝电解电容正极的引脚要长于负极引脚。钽电解电容采用正极标注，即在正极上有一条黑线注明"＋"。如图1－20所示。

(a)   (b)

图1－20 电解电容的实物图
(a) 铝电解电容；(b) 钽电解电容

电容器的代表符号为C，单位是法拉（符号F），其主要参数包括标称容量、允许误差等级、工作电压（耐压）。电容器的误差级别及表示符号如表1－7所示。

表1－7 电容器的误差级别及表示符号

允许误差/%	±2	±5	±10	±20	±30	+50～-20	+100～-10
级别	02	I	II	III	IV	V	VI
字母	G	J	K	M	N	S	P

2. 电容器的标识方法

电容器的标识方法包括直标法、色环法和数码法。色环法及色环代表的意义与电阻器相同。数码法一般用三位数表示，从左算起，第1、2位数字为容量的第一、第二位数字，第3位数字表示前两位数字再乘以10的方次，数码法的电容量单位为pF，通常在三位数后用字母表示误差。

电解电容体积小、有极性容量大，但容量数值不稳、漏电较大，容易老化，即使长期不用也容易变质造成容量减退。用万用表的电阻挡测量电解电容时，指针摆动到一定数值后，应当返回起点或接近起点。指针摆动的幅度越大，表示电容容量越大；指针返回起点时离起点越近，表示电解电容漏电越小，绝缘电阻越大；若指针不摆动或摆动后不返回，则表示电容器已断路或短路损坏。

3. 电容器的常见故障

电容器的常见故障主要是断路、短路、容量减退、漏电。大容量电容器可用万用表测量，测量方法与电解电容相同；小容量电容器除短路、严重漏电外，其他故障用普通万用表不易检查出。有些机械万用表也具有测量电容的挡，但要外加电源（使用方法参见万用表的说明书），而有些数字万用表（包括数字式电容表）还具有直接测量电容的挡。当替代电容器时，要注意元件的电容量值和耐压值。

4. 电容器的串联和并联

当两个电容器串联时，总容量 $C = (C_1 \times C_2) / (C_1 + C_2)$；串联后的耐压为：若串联的各电容容量相等，则所承受的电压相等；若串联的各电容容量不等，则容量越大，所承受的电压越小，容量越小所承受的电压越大（因为串联时每个电容的充电电流相等，其电压降相加等于总电压）。当电容器并联时，总容量 $C = C_1 + C_2 + C_3 + \cdots$；并联后每个电容所承受的电压即为电路电压。

（三）电感器

电感器概括起来可分为两大类：一类为自感式线圈，如天线线圈、调谐线圈、阻流线圈、提升线圈、稳频线圈、偏转线圈等；另一类为互感式变压器，如电源变压器、音频变压器、振荡变压器、中频变压器（中周）等。电路图上用 L 表示电感，电感量（自感系数）单位是亨利，用 H 表示，$1H = 10^3 mH$（毫亨）$= 10^6 \mu H$（微亨）。电感器实物图如图 1-21 所示。

图 1-21 电感器实物图

1. 线圈

线圈是指有一个绕组并靠自感原理工作的元件，它一般由绕组、骨架和导磁芯三部分组成。广泛应用于电子电器的阻流、降压、交连、滤波、谐振、调谐等电路中。普通的单层线圈固定电感大小跟 1/4W 电阻差不多，在电源输出电路中起"隔交通直"的作用，就是阻挡电源中没滤干净的交流信号，通过直流信号。此类电感的阻值都非常小，一般只有几欧姆或几十欧姆。有很多万用表可以测量 mH 级的电感，但在维修中电感的标称一般不是很重要。电感的标值有色标也有色点，这些都跟电阻的色标识别类似，还有直接标注的。线圈实物图如图 1-22 所示。

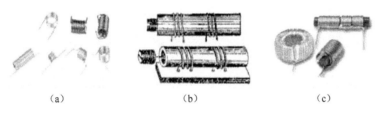

图 1-22 线圈实物图
(a) 空芯线圈；(b) 铜芯线圈；(c) 棒状线圈和磁环线圈

2. 线圈常见故障

线圈的主要故障是断线、短路、线匝松动。线圈断线可用万用表欧姆挡进行检查，在修理时可部分或全部重绕；线圈断线也时常发生在接线端子处（如脱焊或受力而断线），要仔细观察才能发现。线圈短路大多是由于受潮后线的绝缘力降低而被击穿，但由于一般线圈电阻小而用万用表不易发现（特别是局部短路），所以最好的办法是用 Q 表或电桥等仪器进行测量，看其电感值和 Q 值是否和正常值一致，在修理时可重绕或将短路处填以适当的绝缘材料。线圈线匝松动较轻时可用绝缘胶水加固，较重时（有部分乱线或全部乱线）可部分或全部重绕。

3. 变压器

变压器是利用两个线圈绕组的互感原理来传递电信号和电能的器件，它一般由绕组线圈、骨架和铁芯三部分组成。变压器的绕组和圈数直接关系到变压比、电流比、阻抗比以及高频电路里的谐振频率等。电路图上一般用 B 或 T 表示变压器。变压器实物图如图 1-23 所示。

图 1-23 变压器实物图
(a) 中频变压器；(b) 音频变压器；(c) 行输出变压器；(d) 小型电源变压器；(e) 三相变压器

4. 变压器常见故障

变压器的主要故障是断路、短路、漏电。变压器线圈发生断路时无输出电压，初级输入电流很小或无输入电流，所以可用万用表欧姆挡进行检查，在修理时可部分或全部重绕线圈。变压器线圈发生短路或严重漏电时，所产生的现象是变压器温度过高，有焦臭味、冒烟，输出电压降低，这时须将短路的线圈拆除重绕。

四、实施内容与步骤

1. 电阻的识别与检测

（1）每组分别取不同类型的电阻若干，根据它们的外形和标识进一步认识和判断它们的阻值，并填入表1-8中，然后用万用表测量阻值后进行对照，从而核对识别的正确性。

表1-8　实验数据及分析1

电阻类型	四道色环电阻 R_1	五道色环电阻 R_2	可调电阻 R_3	热敏电阻 R_4	直标法电阻 R_5
标识阻值					
测量阻值					
误差原因					

（2）每组再分取已损坏的各类电阻若干，分别测量它们的阻值，并根据测量情况判断其损坏的原因，具体数据及原因分析填入表1-9中。

表1-9　实验数据及分析2

电阻类型	四道色环电阻 R_1	五道色环电阻 R_2	可调电阻 R_3	热敏电阻 R_4	直标法电阻 R_5
标识阻值					
测量阻值					
测量现象					
损坏原因分析					

2. 电容的识别与检测

（1）每组分别取不同类型的电容若干，根据它们的外形和标识进一步认识和判断它们的容值，并填入表1-10中，然后用万用表测量容值后进行对照，从而核对识别的正确性。

表1-10　实验数据及分析1

电容类型	电解电容 C_1	色环电容 C_2	数码标注电容 C_3	直标电容 C_4
标识容值				
测量容值				
误差原因				

(2) 每组再分别取已损坏的各类电容若干，分别测量它们的容值，并根据测量情况判断其损坏的原因，具体数据及原因分析填入表 1-11 中。

表 1-11　实验数据及分析 2

电容类型	电解电容 C_1	电解电容 C_2	普通电容 C_3	普通电容 C_4
标识容值				
测量容值				
测量现象				
损坏原因分析				

3. 线圈的识别与检测

用万用表欧姆挡对一线圈进行测量，并观察线圈上的有关标识，然后人为设置断线、短路、线匝松动等故障再进行测量，并分析其现象原因。相关记录填入表 1-12 中。

表 1-12　实验数据及分析

电感类型	线圈 1	线圈 2
标识情况记录		
测量情况记录		
断线时现象记录及分析		
短路时现象记录及分析		
线匝松动时现象记录及分析		

五、完成任务思考

电阻器、电容器、电感器分别有哪些标识方法？识别和检测时有哪些注意事项？

练习与思考

一、填空题

(1) 导体对电流的_____叫电阻。若电阻大，则说明导体导电能力_____；若电阻小，则说明导体导电能力_____。

(2) 电烙铁的电阻是 50Ω，使用时的电流是 4A，则供电线路的电压为_____。

(3) 若阻值不随端电压和流过它的电流的改变而改变，则这样的电阻被称为____，它的伏安特性曲线是_____。

(4) 任何两块导体，中间隔以_____，就可构成一个电容器。

(5) 电容器的电容量简称电容，符号为_____，单位为_____。

(6) 当线性电容元件端电压 u 与流过的电流 i 为关联参考方向时，u 与 i 之间的关系为_____。

(7) 从能量的角度看，电容器电压上升的过程是_____电荷的过程。

(8) 如果电容的电压不随时间变化，则电流为_____，这时电容元件的作用相当于使电路_____。

(9) 由于通过线圈本身的电流发生变化而引起的电磁感应现象叫_____，由此产生的电动势叫_____。

(10) 自感电动势的大小与线圈的_____和线圈中_____成正比。

二、选择题

(1) 通过电阻上的电流增大到原来的 3 倍时，电阻消耗的功率为原来的(　　)倍。

A. 3　　　　　　　　B. 6　　　　　　　　C. 9

(2) 额定电压相等的两只灯泡，额定功率大的灯泡电阻(　　)。

A. 大　　　　　　　　B. 小　　　　　　　　C. 无法确定

(3) 有两个电容器 $C_1 > C_2$，若它们所带的电荷量相等，则(　　)。

A. C_1 两端电压较高　　B. C_2 两端电压较高　　C. 两个电压相等

(4) 对于某一固定线圈，下面结论中正确的是(　　)。

A. 电流越大，自感电压越大

B. 电流变化量越大，自感电压越大

C. 电流变化率越大，自感电压越大

(5) 有一个电感线圈，其电感量 $L = 0.1H$，线圈中的电流 $i = 2\sin500t$（A）。若 u_L 与 i 取关联参考方向，则线圈的自感电压 u_L 为(　　) V。

A. $1000\cos500t$　　　　B. $500\cos1000t$　　　　C. $2\sin1000t$

三、判断题

(1) 电压、电流的实际方向随参考方向的不同而不同。(　　)

(2) 当一段有源支路两端的电压为零时，该支路电流必定为零。(　　)

(3) 电阻小的导体，电阻率一定小。(　　)

(4) 线性电阻元件的伏安特性曲线是通过坐标原点的一条直线。(　　)

(5) 任何时刻的电阻元件都决不可能产生电能，而是从电路中吸收电能，所以电阻元件是耗能元件。(　　)

(6) 所谓电流"通过"电容器，是指带电粒子通过电容器极板间的介质。(　　)

(7) 当电容元件中的电流为零时，其存储的能量一定为零。(　　)

(8) 电容两端电压的变化量越大,电流就越大。(　)

(9) 线圈中有电流就有感应电动势,电流越大,感应电动势就越大。(　)

(10) 电感元件通过直流时可视作短路,此时的电感 L 为零。(　)

四、计算题

(1) 一电阻元件,电压和电流为关联参考方向,当外加电压 $U=10\text{V}$,其电流 $I=2\text{mA}$ 时,求其电阻和电导。

(2) 一个 20V、40W 的灯泡,如果误接到 110V 的电源上,则此时灯泡功率为多少?若接在 380V 电源上,灯泡功率又是多少?(灯泡中电阻不变)

(3) 如图 1-24 所示的电路及电压波形,已知 $C=2\text{F}$,求电容上电流的波形。

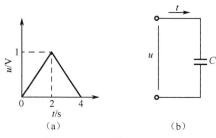

图 1-24　习题四 (3) 图
(a) 电压波形;(b) 电路图

(4) 如图 1-25 所示的电路,求 I_C,U_C,W_C。

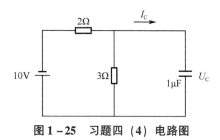

图 1-25　习题四 (4) 电路图

任务三　电路各点电位的分析计算

知识链接一　基尔霍夫定律

对于电路中的某一个元件来说,元件上的端电压和电流服从欧姆定律,而对于整个电路来说，电路中的各个电流和电压要服从基尔霍夫定律。基尔霍夫定律包括基尔霍夫电流定律（KCL）和基尔霍夫电压定律（KVL），它是电路理论中最基本的定律之一，不仅适用于求解简单电路，也适用于求解复杂电路。

在学习基尔霍夫定律之前，为了便于理解，在如图1-26所示的电路，介绍以下几个名词：

（1）支路：电路中同一电流流过的一个分支称为一条支路。在如图1-26所示的电路中，dab、be和bcd都是支路，其中支路dab、bcd各有两个电路元件。支路dab、bcd中有电源，称为含源支路；支路be中没有电源，则称为无源支路。

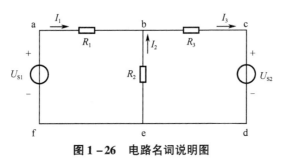

图1-26 电路名词说明图

（2）节点：一般支路的连接点称为节点。但是，如果以电路的每个分支作为支路，则三条和三条以上支路的连接点才叫作节点。这样，如图1-26所示的电路只有两个节点，即节点b和节点e。

（3）回路：由若干支路组成的闭合路径，其中每个节点只经过一次，这条闭合路径称为回路。如图1-26所示的abef、bcde和abcdef都是回路，这个电路共有三个回路。

（4）网孔：网孔是回路的一种，将电路画在平面上，在回路内部不另含有支路的回路称为网孔。如图1-26所示的abef、bcde是网孔，而abcdef回路内部含有支路be，所以不是网孔，因此这个电路共有两个网孔。

一、基尔霍夫电流定律

基尔霍夫电流定律，是用来确定电路中连接在同一个节点上的各条支路电流间的关系的。其基本内容：在任何时刻，对于电路中的任一节点，流进流出节点所有支路电流的代数和恒等于零。

其数学表达式如下：

$$\sum I = 0 \qquad (1-22)$$

在式（1-22）中，流出节点的电流前面取"+"号，流入节点的电流前面取"-"号。

例如，对图1-26所示的节点b应用KCL，则在这些支路电流的参考方向下，有

$$-I_1 - I_2 + I_3 = 0$$

即

$$\sum I = 0$$

上式可以改写成

$$I_1 + I_2 = I_3$$

即

$$\sum I_入 = \sum I_出 \qquad (1-23)$$

式（1-23）表明：在任何时刻，流入任一节点的支路电流之和必定等于流出该节点的支路电流之和。

这里首先应当指出，KCL中电流的流向本来是指它们的实际方向，但由于采用了参考方向，所以式（1-23）中是按电流的参考方向来判断电流是流出节点还是流入节点的。其次，式（1-23）中的正、负号仅由电流是流出节点还是流入节点来决定的，与电流本身的正、负无关。

KCL通常用于节点，但对包围几个节点的闭合面也是适用的，在如图1-27所示的电路中，闭合面S内有三个节点A、B、C。在这些节点处，分别有（电流的方向都是参考方向）：

$$I_1 = I_{AB} - I_{CA}$$
$$I_2 = I_{BC} - I_{AB}$$
$$I_3 = I_{CA} - I_{BC}$$

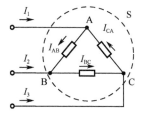

图1-27 基尔霍夫电流定律的推广

将上面三个式子相加，便得：

$$I_1 + I_2 + I_3 = 0$$

或

$$\sum I = 0$$

可见，在任一瞬间，通过任一闭合面的电流的代数和也总是等于零，或者说，流出闭合面的电流等于流入该闭合面的电流，这就叫电流连续性。所以，基尔霍夫电流定律是电流连续性的体现。

二、基尔霍夫电压定律

基尔霍夫电流定律是对电路中的任意节点而言的，而基尔霍夫电压定律是对电路中的任意回路而言的。

基霍夫电压定律，是用来确定回路中各部分电压之间的关系的。其基本内容是：在任何时刻，沿任一回路内所有支路或元件电压的代数和恒等于零。即

$$\sum U = 0 \tag{1-24}$$

这里首先需要指定一个绕行回路的方向。凡电压的参考方向与回路的绕行方向一致者，在该电压前面取"+"号；凡电压的参考方向与回路的绕行方向相反者，在该电压前面取"-"号。

同理，KVL 中电压的方向本应指它的实际方向，但由于采用了参考方向，所以式（1-24）中的代数和是按电压的参考方向来判断的。

以图 1-28 所示的电路为例，沿回路 1 和回路 2 绕行一周。

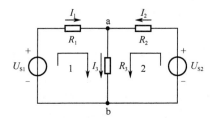

图 1-28 基尔霍夫电压定律示意图

回路 1：

$$I_1 R_1 + I_3 R_3 - U_{S1} = 0 \text{ 或 } I_1 R_1 + I_3 R_3 = U_{S1}$$

回路 2：

$$I_2 R_2 + I_3 R_3 - U_{S2} = 0 \text{ 或 } I_2 R_2 + I_3 R_3 = U_{S2}$$

即 KVL 也可以写成：

$$\sum R_K I_K = \sum U_{SK} \tag{1-25}$$

式（1-25）指出：沿任一回路绕行一圈，电阻上电压的代数和等于电压源电压的代数和。其中，在关联参考方向下，电流的参考方向与回路的绕行方向一致者，$R_K I_K$ 前取"+"号，相反者，$R_K I_K$ 前取"-"号；电压源电压 U_{SK} 的参考极性与回路绕行方向一致者，U_{SK} 前取"-"号，相反者，U_{SK} 前取"+"号。

KVL 通常用于闭合回路，但也可推广应用到任一不闭合的电路上。如图 1-29 所示的电路虽然不是闭合回路，但当假设开口处的电压为 U_{ab} 时，可以将电路想象成一个虚拟的回路，应用 KVL 列写的方程为：

$$U_{ab} + U_{S3} + I_3 R_3 - I_2 R_2 - U_{S2} - I_1 R_1 - U_{S1} = 0$$

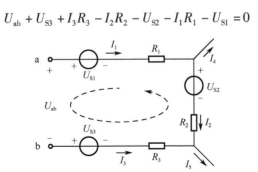

图 1-29 基尔霍夫电压定律的推广

KCL 规定了电路中任一节点处的电流必须服从的约束关系，而 KVL 则规定了电路中任一回路内的电压必须服从的约束关系。这两个定律仅与元件的连接有关，而与元件本身无关。因此，不论元件是线性的还是非线性的，时变的还是非时变的，KCL 和 KVL 总是成立的。

例 1-4 如图 1-30 所示的电路，已知 $U_1 = 5\text{V}$，$U_3 = 3\text{V}$，$I = 2\text{A}$，求 U_2、I_2、R_1、R_2 和 U_S。

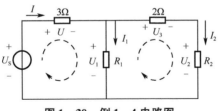

图 1-30 例 1-4 电路图

解：

（1）已知 2Ω 电阻两端的电压 $U_3 = 3\text{V}$

故
$$I_2 = \frac{U_3}{R} = \frac{3}{2} = 1.5 \ (\text{A})$$

（2）在由 R_1、R_2 和 2Ω 电阻组成的闭合回路中，根据 KVL 得：
$$U_3 + U_2 - U_1 = 0$$

即
$$U_2 = U_1 - U_3 = 5 - 3 = 2 \ (\text{V})$$

（3）由欧姆定律得：$R_2 = \dfrac{U_2}{I_2} = \dfrac{2}{1.5} = 1.33 \ (\Omega)$

由 KCL 得：
$$I_1 = I - I_2 = 2 - 1.5 = 0.5 \ (\text{A})$$

则

$$R_1 = \frac{U_1}{I_1} = \frac{5}{0.5} = 10 \ (\Omega)$$

(4) 在由 U_S、R_1 和 3Ω 电阻组成的闭合回路中，根据 KVL 得：

$$U_S = U + U_1 = 2 \times 3 + 5 = 11 \ (V)$$

例 1-5 如图 1-31 所示的电路，已知 $U_{S1} = 12V$，$U_{S2} = 3V$，$R_1 = 3\Omega$，$R_2 = 9\Omega$，$R_3 = 10\Omega$，求 U_{ab}。

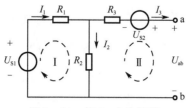

图 1-31 例 1-5 电路图

解：

(1) 由 KCL 得：

$$I_3 = 0$$
$$I_1 = I_2 + I_3 = I_2 + 0 = I_2$$

在回路 I 中，由 KVL 得：

$$I_1 R_1 + I_2 R_2 = U_{S1}$$

解得：

$$I_1 = I_2 = \frac{U_{S1}}{R_1 + R_2} = \frac{12}{3+9} = 1 \ (A)$$

(2) 在回路 II 中，根据 KVL 得：

$$U_{ab} - I_2 R_2 + I_3 R_3 - U_{S2} = 0$$

解得：

$$U_{ab} = I_2 R_2 - I_3 R_3 + U_{S2} = 1 \times 9 - 0 \times 10 + 3 = 12 \ (V)$$

知识链接二　简单电阻电路的计算

一、电阻的串联

在电路中，把几个电阻元件依次一个一个首尾连接起来，中间没有分支，且在电源的作用下流过各电阻的是同一电流，这种连接方式叫作电阻的串联。

图 1-32 (a) 表示的 3 个电阻的串联，以 U 代表总电压，I 代表电流，R_1、R_2、R_3 代表各电阻，U_1、U_2、U_3 代表各电阻上的电压，根据 KVL 可得：

$$U = U_1 + U_2 + U_3 = (R_1 + R_2 + R_3)I = R_{eq}I \quad (1-26)$$
$$R_{eq} = R_1 + R_2 + R_3 \quad (1-27)$$

其中，R_{eq} 为串联电阻的等效电阻，如图 1-32 (b)。

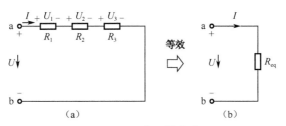

图 1-32 电阻的串联
(a) 电路图；(b) 等效电路图

同理，如果 n 个电阻串联，则有：
$$U = U_1 + U_2 + \cdots + U_n = (R_1 + R_2 + \cdots + R_n)I = R_{eq}I \quad (1-28)$$
$$R_{eq} = R_1 + R_2 + \cdots + R_n \quad (1-29)$$

其中，R_{eq} 称为这些串联电阻的总电阻或等效电阻。显然，等效电阻必大于任一个串联的电阻，即 $R_{eq} > R_K$，$K = 1, 2, 3, \cdots, n$。

而
$$U_1 = IR_1, \quad U_2 = IR_2, \quad \cdots, \quad U_n = IR_n$$

由此可得：
$$\frac{U_1}{R_1} = \frac{U_2}{R_2} = \cdots = \frac{U_n}{R_n} \quad 即 \quad \frac{U_1}{U_2} = \frac{R_1}{R_2}, \quad \cdots, \quad \frac{U_1}{U_n} = \frac{R_1}{R_n} \quad (1-30)$$

可见，各个串联电阻的电压与电阻值成正比，或者说总电压按各个串联电阻的电阻值进行分配。式 (1-30) 称为串联电阻的电压分配公式。

将式 (1-28) 两边各乘以电流 I，得
$$P = UI = R_1I^2 + R_2I^2 + \cdots + R_nI^2 = P_1 + P_2 + \cdots + P_n = R_{eq}I^2 \quad (1-31)$$

此式表明：n 个串联电阻吸收的总功率等于每个串联电阻吸收的功率之和，也等于它们的等效电阻所吸收的功率。

当用等效电阻替代这些串联电阻时，端钮 a、b 间的电压 U 和端钮处的电流 I 均不变，吸收的功率也相同。所以，等效电阻与这些串联电阻所起的作用相同。这种替代称为等效替代或等效变换。

例 1-6 如图 1-33 所示，用一个满刻度偏转电流为 50μA、电阻 R_g 为 2kΩ 的表头制成 100V 量程的直流电压表，试问应串联多大的附加电阻 R_f？

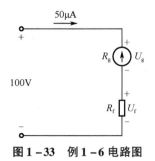

图 1-33 例 1-6 电路图

解： 由于表头能通过的电流是一定的，所以满刻度时的表头电压由欧姆定律得

$$U_g = R_g I = 2 \times 10^3 \times 50 \times 10^{-6} = 0.1 \text{ (V)}$$

要制成 100V 量程的直流电压表，必须附加的电阻电压为

$$U_f = 100 - 0.1 = 99.9 \text{ (V)}$$

所以

$$R_f = \frac{U_f}{I} = \frac{99.9}{50 \times 10^{-6}} = 1\,998 \text{ (Ω)}$$

或者根据分压公式可得

$$\frac{R_f}{2 + R_f} = \frac{99.9}{100}$$

解得

$$R_f = 1\,998\,\Omega$$

二、电阻的并联

在电路中，把几个电阻元件的两端分别连接在两个公共节点之间，且各电阻的电压相等，这种连接方式叫作电阻的并联。

图 1-34（a）表示的 3 个电阻的并联，以 U 代表两端电压，I 代表总电流，R_1、R_2、R_3 代表各电阻，I_1、I_2、I_3 代表各电阻上的电流，按 KCL，有

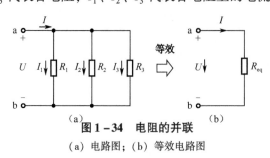

图 1-34 电阻的并联
(a) 电路图；(b) 等效电路图

根据 KCL 可得：

$$I = I_1 + I_2 + I_3 = \frac{U}{R_1} + \frac{U}{R_2} + \frac{U}{R_3} = U\left(\frac{1}{R_1} + \frac{1}{R_2} + \frac{1}{R_3}\right) = U\left(\frac{1}{R_{eq}}\right) \quad (1-32)$$

$$\frac{1}{R_{eq}} = \frac{1}{R_1} + \frac{1}{R_2} + \frac{1}{R_3} \quad (1-33)$$

其中，R_{eq} 为并联电阻的等效电阻，如图 1-34（b）。

同理，如果 n 个电阻并联，则有

$$I = I_1 + I_2 + \cdots + I_n = \frac{U}{R_1} + \frac{U}{R_2} + \cdots + \frac{U}{R_n}$$

$$= U\left(\frac{1}{R_1} + \frac{1}{R_2} + \cdots + \frac{1}{R_n}\right) = U\left(\frac{1}{R_{eq}}\right) \quad (1-34)$$

$$\frac{1}{R_{eq}} = \frac{1}{R_1} + \frac{1}{R_2} + \cdots + \frac{1}{R_n} \quad (1-35)$$

其中，R_{eq} 称为这些并联电阻的总电阻或等效电阻。式（1-35）表明，并联电阻的等效总电阻的倒数等于各个并联电阻的倒数之和。显然，等效电阻必小于任一个并联的电阻，即 $R_{eq} < R_K$，$K = 1, 2, 3, \cdots, n$。

而

$$I_1 = \frac{U}{R_1}, \quad I_2 = \frac{U}{R_2}, \quad \cdots, \quad I_n = \frac{U}{R_n}$$

由此可得

$$I_1 R_1 = I_2 R_2 = \cdots = I_n R_n$$

即

$$\frac{I_1}{I_2} = \frac{R_2}{R_1}, \quad \cdots, \quad \frac{I_1}{I_n} = \frac{R_n}{R_1} \quad (1-36)$$

可见，各个并联电阻中通过的电流与其电阻值成反比。式（1-36）也称为并联电阻的电流分配公式。将式（1-34）两边各乘以电压 U，得

$$P = UI = \frac{U^2}{R_1} + \frac{U^2}{R_2} + \cdots + \frac{U^2}{R_n} = U^2\left(\frac{1}{R_1} + \frac{1}{R_2} + \cdots + \frac{1}{R_n}\right)$$

$$= P_1 + P_2 + \cdots + P_n = U^2\left(\frac{1}{R_{eq}}\right) \quad (1-37)$$

此式表明：n 个并联电阻吸收的总功率等于每个并联电阻吸收的功率之和，也等于它们的等效电阻所吸收的功率。

例 1-7 有三盏电灯并联接在 110V 的电源上，电灯参数分别为 110V、100W，110V、60W，110V、40W，求 $P_总$ 和 $I_总$，以及通过各灯泡的电流、等效电阻和各灯泡的电阻。

解：(1) 电路中消耗的总功率等于每个电阻消耗的功率之和

则
$$P_{总} = P_1 + P_2 + P_3 = 100 + 60 + 40 = 200 \text{ (W)}$$
$$I_{总} = \frac{P_{总}}{U} = \frac{200}{110} = 1.82 \text{ (A)}$$

(2) 三盏电灯都工作在额定电压下,根据欧姆定律可得:
$$I_1 = \frac{100}{110} = 0.91 \text{ (A)}$$
$$I_2 = \frac{60}{110} = 0.545 \text{ (A)}$$
$$I_3 = \frac{40}{110} = 0.364 \text{ (A)}$$

等效电阻 $R_{eq} = \frac{U^2}{P_{总}} = \frac{110^2}{200} = 60.5 \text{ (Ω)}$ 或 $R_{eq} = \frac{U}{I} = \frac{110}{1.82} = 60.4 \text{ (Ω)}$

(3) 根据功率公式可得,各灯泡电阻为:
$$R_1 = \frac{U^2}{P_1} = \frac{110^2}{100} = 121 \text{ (Ω)}$$
$$R_2 = \frac{U^2}{P_2} = \frac{110^2}{60} = 201.7 \text{ (Ω)}$$
$$R_3 = \frac{U^2}{P_3} = \frac{110^2}{40} = 302.5 \text{ (Ω)}$$

三、电阻的混联

电阻串联和并联相结合的连接方式叫电阻的混联。在图 1-35 所示的电路中,电阻 R_3 和 R_4 串联后与 R_2 并联,再与 R_1 串联。

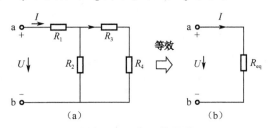

图 1-35 电阻的混联
(a) 电路图;(b) 等效电路图

这些电阻的等效电阻为:
$$R_{eq} = R_1 + \frac{R_2(R_3 + R_4)}{R_2 + R_3 + R_4}$$

在电阻混联电路中,若已知总电压 U 或总电流 I,要求各电阻上的电压和电流,其求解步骤一般是:

（1）首先利用混联的特点化简为一个等效电阻，且求出等效电阻 R_{eq}；
（2）应用欧姆定律求出总电流或总电压；
（3）应用电流分配公式和电压分配公式求出各电阻上的电流和电压。

例 1-8 在如图 1-36 所示的电路中，$U_{AB}=6V$，$R_1=1\Omega$，$R_2=2\Omega$，$R_3=3\Omega$。当开关 S_1、S_2 同时断开时或同时合上时，求 $R_{总}$ 和 $I_{总}$。

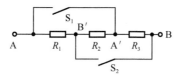

图 1-36　例 1-8 电路图

解：当开关 S_1、S_2 同时断开时，相当于三个电阻在串联，则
$$R_{总}=R_1+R_2+R_3=6\Omega$$
所以
$$I_{总}=\frac{U_{总}}{R_{总}}=\frac{6}{6}=1\text{（A）}$$

当开关 S_1、S_2 同时闭合时，等效电路图如图 1-37 所示。

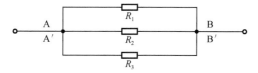

图 1-37　等效电路图

所以
$$R_{总}=R_1//R_2//R_3=\frac{6}{11}\text{（}\Omega\text{）}$$
$$I_{总}=\frac{U_{总}}{R_{总}}=\frac{6}{\frac{6}{11}}=11\text{（A）}$$

例 1-9　进行电工实验时，常用滑线变阻器接成分压器电路来调节负载电阻上电压的高低。图 1-38 中的 R_1 和 R_2 是滑线变阻器，R_L 是负载电阻。已知滑线变阻器额定值是 100Ω、3A，端钮 a、b 上的输入电压 $U_1=220V$，$R_L=50\Omega$。试问：

（1）当 $R_2=50\Omega$ 时，输出电压 U_2 是多少？
（2）当 $R_2=75\Omega$ 时，输出电压 U_2 是多少？滑线变阻器能否安全工作？

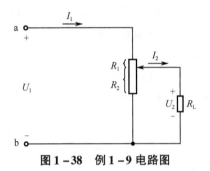

图1-38 例1-9电路图

解：(1) 当 $R_2 = 50\Omega$ 时，$R_1 = 100 - 50 = 50$ （Ω），R_{ab} 为 R_2 和 R_L 并联后与 R_1 串联而成，故端钮 a、b 的等效电阻

$$R_{ab} = R_1 + \frac{R_2 R_L}{R_2 + R_L} = 50 + \frac{50 \times 50}{50 + 50} = 75 \text{ （Ω）}$$

滑线变阻器 R_1 段流过的电流

$$I_1 = \frac{U_1}{R_{ab}} = \frac{220}{75} = 2.93 \text{ （A）}$$

负载电阻流过的电流

$$I_2 = \frac{U_2}{R_L} = \frac{U_1 - I_1 R_1}{R_L} = \frac{220 - 2.93 \times 50}{50} = 1.47 \text{ （A）}$$

或由电流分配公式求得：

$$I_2 = \frac{R_2}{R_2 + R_L} \times I_1 = \frac{50}{50 + 50} \times 2.93 = 1.47 \text{ （A）}$$

所以

$$U_2 = R_L I_2 = 50 \times 1.47 = 73.5 \text{ （V）}$$

(2) 当 $R_2 = 75\Omega$ 时，计算方法同上，可得

$$R_{ab} = 25 + \frac{75 \times 50}{75 + 50} = 55 \text{ （Ω）}$$

$$I_1 = \frac{220}{55} = 4 \text{ （A）}$$

$$I_2 = \frac{75}{75 + 50} \times 4 = 2.4 \text{ （A）}$$

$$U_2 = 50 \times 2.4 = 120 \text{ （V）}$$

因 $I_1 = 4A$，大于滑线变阻器的额定电流 3A，所以 R_1 段电阻有被烧坏的危险。

例 1-10 求图 1-39 所示的电路中 a、b 两点间的等效电阻 R_{ab}。

解：
(1) 将无电阻导线 d、d′缩成一点，用 d 表示，则得图 1-40。
(2) 并联化简，将图 1-40（a）变为图 1-40（b）。
(3) 求得 a、b 两点间的等效电阻为

$$R_{ab} = 4 + \frac{15 \times (3+7)}{15+3+7} = 4 + 6 = 10 \ (\Omega)$$

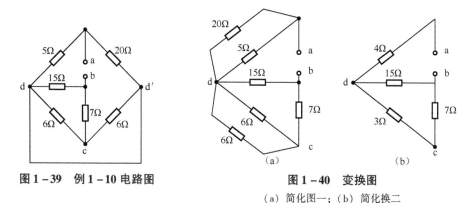

图 1-39　例 1-10 电路图　　图 1-40　变换图
（a）简化图一；（b）简化换二

四、电阻的 Y-△等效变换

在电路中，有时电阻的连接既非串联又非并联，而是如图 1-41 所示的电路，这时的等效电阻经过电阻的串并联运算不能直接求出，需经过电阻的星形连接和三角形连接等效变换才能求出。

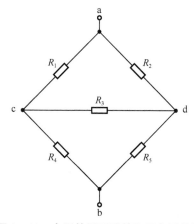

图 1-41　电阻的星形连接和三角形连接

（一）电阻的星形连接

电阻的星形连接是指三个电阻元件的一端连接在一起，另一端分别连接

到电路的三个节点。如图 1 – 42 中的 R_1、R_2、R_3 就是星形连接。

星形连接的形状像 "Y" 形,如图 1 – 42 (a) 所示,所以叫 Y 形连接,同时也叫 T 形连接,如图 1 – 42 (b) 所示。

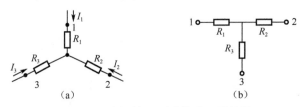

图 1 – 42 电阻的 Y 形连接或 T 形连接

(a) Y 形连接; (b) T 形连接

(二) 电阻的三角形连接

电阻的三角形连接是指三个电阻元件首尾相接构成一个三角形。如图 1 – 43 中的 R_{31}、R_{23}、R_{12} 就是三角形连接。

三角形连接形状像 "△" 形,如图 1 – 43 (a) 所示,所以叫△形连接,同时也叫∏形连接,如图 1 – 43 (b) 所示。

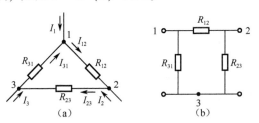

图 1 – 43 电阻的△或∏形连接

(a) △形连接; (b) ∏形连接

(三) 电阻的 Y – △连接的等效变换

为了将电路简化成为便于处理计算的电阻混联简单形式,需要将电阻的星形和三角形连接进行等效变换。

星形连接和三角形连接都是通过三个端钮与外部相联系。它们之间等效变换的要求是它们的外部性能相同,即当它们对应端钮间的电压相同时,流入对应端钮的电流也必须分别相等。如图 1 – 44 (a) (b) 所示分别展示出了接到端钮 1、2、3 的星形连接和三角形连接的三个电阻。这两个网络是与电路的其他部分相连接的,但图中未画出其他部分。设它们对应端钮间的电压为 U_{12}、U_{23}、U_{31},流入对应端钮的电流为 I_1、I_2、I_3,如果它们彼此等效,则必须分别相等,在此条件下推导出等效变换公式(推导从略):

$$R_1 = \frac{R_{12}R_{31}}{R_{12} + R_{23} + R_{31}} \tag{1-38}$$

$$R_2 = \frac{R_{23}R_{12}}{R_{12} + R_{23} + R_{31}} \qquad (1-39)$$

$$R_3 = \frac{R_{31}R_{23}}{R_{12} + R_{23} + R_{31}} \qquad (1-40)$$

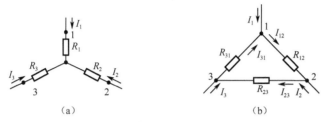

图1-44 电阻的Y-△等效变换

(a) Y形连接；(b) △形连接

根据已知的星形网络电阻可确定等效三角形网络各电阻的关系式为：

$$R_{12} = \frac{R_1R_2 + R_2R_3 + R_3R_1}{R_3} = R_1 + R_2 + \frac{R_1R_2}{R_3} \qquad (1-41)$$

$$R_{23} = \frac{R_1R_2 + R_2R_3 + R_3R_1}{R_1} = R_2 + R_3 + \frac{R_2R_3}{R_1} \qquad (1-42)$$

$$R_{31} = \frac{R_1R_2 + R_2R_3 + R_3R_1}{R_2} = R_3 + R_1 + \frac{R_3R_1}{R_2} \qquad (1-43)$$

若星形网络的三个电阻相等，即 $R_1 = R_2 = R_3 = R_Y$，则等效的三角形网络的电阻也相等

$$R_\triangle = R_{12} = R_{23} = R_{31} = 3R_Y \qquad (1-44)$$

反之，则

$$R_Y = \frac{1}{3}R_\triangle \qquad (1-45)$$

等效化简示意图如图1-45所示。

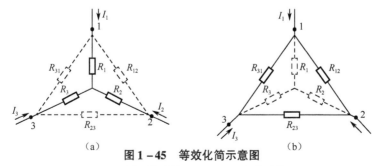

图1-45 等效化简示意图

(a) 星形网络连接；(b) 三角形网络连接

星形网络和三角形网络的等效互换在后面章节介绍的三相电路中有着十分重要的应用。

例1-11 在如图1-46（a）所示的电路中，已知 $U_S = 100\text{V}$，$R_0 = 25\Omega$，$R_1 = 50\Omega$，$R_2 = 20\Omega$，$R_3 = 10\Omega$，$R_4 = 36\Omega$，$R_5 = 40\Omega$，求 I_1，I_2。

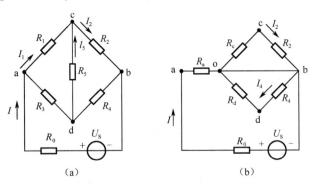

图1-46 例1-11电路图
（a）△形连接；（b）Y形连接

解：将△形连接的 R_1、R_3、R_5 等效变换为Y形连接的 R_a、R_c、R_d，如图1-46（b）所示，则根据式（1-38）、式（1-39）、式（1-40）求得：

$$R_a = \frac{R_3 R_1}{R_5 + R_3 + R_1} = \frac{10 \times 50}{40 + 10 + 50} = 5 \ (\Omega)$$

$$R_c = \frac{R_1 R_5}{R_5 + R_3 + R_1} = \frac{40 \times 50}{40 + 10 + 50} = 20 \ (\Omega)$$

$$R_d = \frac{R_3 R_5}{R_5 + R_3 + R_1} = \frac{10 \times 40}{40 + 10 + 50} = 4 \ (\Omega)$$

所以 a、b 之间的电阻为：

$$R_{ab} = R_a + \frac{(R_c + R_2) \times (R_d + R_4)}{R_c + R_2 + R_d + R_4} = 5 + \frac{(20+20) \times (4+36)}{20+20+4+36} = 25 \ (\Omega)$$

则总电流为：

$$I = \frac{U_S}{R_{ab} + R_0} = \frac{100}{25+25} = 2 \ (\text{A})$$

而 o、b 两点间的电压为：

$$U_{ob} = U_S - (R_0 + R_a) \times I = 100 - (25+5) \times 2 = 40 \ (\text{V})$$

则：

$$I_2 = \frac{U_{ob}}{R_c + R_2} = \frac{40}{20+20} = 1 \ (\text{A})$$

在 b 点，根据 KCL 可得：

$$I_2 + I_4 = I \Rightarrow I_4 = I - I_2 = 2 - 1 = 1 \text{ (A)}$$

在 cbd 回路中，根据 KVL 可得：

$$R_2 I_2 - R_4 I_4 + R_5 I_5 = 0 \Rightarrow I_5 = \frac{R_4 I_4 - R_2 I_2}{R_5} = \frac{36 \times 1 - 20 \times 1}{40} = 0.4 \text{ (A)}$$

在 c 点，根据 KCL 可得：

$$I_1 + I_5 = I_2 \Rightarrow I_1 = I_2 - I_5 = 1 - 0.4 = 0.6 \text{ (A)}$$

本题也可以先把 c 点处的星形连接换成三角形连接计算，其结果也相同。

典型任务实施——分析复杂直流电路，并进行实验操作

一、实施目标

（1）通过实验来验证复杂直流电路理论分析的正确性，并掌握复杂直流电路的电路连接技能和测量方法；

（2）通过测量加深对电路中电压、电位的认识及基尔霍夫定律、叠加原理、戴维南定理的理解，并学会用实验数据探究电路的规律。

二、实施器材

（1）直流电压表、电流表、直流毫安表；
（2）电工实验台 EEL-06 组件（或 EEL-18 组件）；
（3）电工实验台 EEL-01 组件（或 EEL-16 组件）；
（4）恒压源；
（5）恒流源。

三、实施原理

电压和电位的关系：在一个确定的闭合电路中，各点电位的高低根据所选的电位参考点的不同而不同，但任意两点间的电位差（即电压）则是绝对的，它不因参考点电位的变动而变动。

基尔霍夫定律：对电路中的任一节点而言，应有 $\sum I = 0$；对任何一个闭合回路而言，应有 $\sum U = 0$。

运用上述定律时必须注意电流的正方向，此方向可预先任意设定。

叠加原理：在有几个独立源共同作用下的线性电路中，通过每一个元件的电流或其两端的电压，可以看成是由每一个独立源单独作用时在该元件上所产生的电流或电压的代数和。

戴维南定理：任何一个线性有源二端网络，总可以用一个等效电压源来

代替,该电压源的电动势 E_s 等于这个有源二端网络的开路电压 U_{oc},其等效内阻 R_0 等于该网络中所有独立源均置零(理想电压源视为短接,理想电流源视为开路)时的等效电阻 R_{eq},E_s 和 R_0 称为有源二端网络的等效参数。

四、实施内容与步骤

(1)实验线路如图 1-47 所示。实验前应先任意设定三条支路的电流参考方向,如图 1-47 中的 I_1、I_2、I_3 所示,并熟悉线路结构,掌握各开关的操作使用方法。

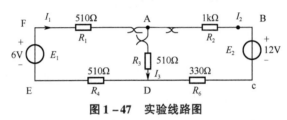

图 1-47 实验线路图

(2)分别将 E_1、E_2 两路直流稳压源(E_1 为 +6V、+12V 切换电源,E_2 接 0~30V 可调直流稳压源)接入电路,令 E_1 = 6V,E_2 = 12V。

(3)以图 1-47 中的 A 点作为电位的参考点,分别测量 A、B、C、D、E、F 各点的电位及相邻两点之间的电压值 U_{AB}、U_{BC}、U_{CD}、U_{DE}、U_{EF} 及 U_{FA},并将数据填入表 1-13 中。

(4)以 D 点作为参考点,重复实验内容(3)的步骤,并将测得的数据填入表 1-13 中。

表 1-13 相关数据及分析

电位参考点	V 与 U 内容	V_A	V_B	V_C	V_D	V_E	V_F	U_{AB}	U_{BC}	U_{CD}	U_{DE}	U_{EF}	U_{FA}
A	计算值/V												
A	测量值/V												
A	相对误差/%												
D	计算值/V												
D	测量值/V												
D	相对误差/%												

(5)将电流插头分别插入三条支路的三个电流插座中,读出并记录电流值,然后再用直流数字电压表分别测量两路电源及电阻元件上的电压值,数据记入表 1-14 中。

表1-14 相关数据及分析

待测量	I_1/mA	I_2/mA	I_3/mA	R_1/V	R_2/V	V_{AB}/V	V_{CD}/V	V_{AD}/V	V_{DE}/V	V_{FA}/V
分析计算值										
测量值										
相对误差										

（6）令 E_1 电源单独作用时（将开关 K_1 投向 E_1 侧，开关 K_2 投向短路侧）如图1-48所示，然后再用直流电压表和毫安表（接电流插头）测量各支路电流及各电阻元件两端的电压，并将数据填入表格1-15中。

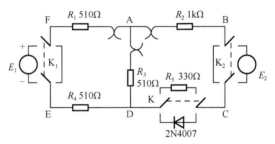

图1-48 实验线路图

表1-15 实验数据表

测量项目 实验内容	E_1/V	E_2/V	I_1/mA	I_2/mA	I_3/mA	U_{AB}/V	U_{CD}/V	U_{AD}/V	U_{DE}/V	U_{FA}/V
E_1 单独作用										
E_2 单独作用										
E_1、E_2 共同作用										

（7）令 E_2 电源单独作用时（将开关 K_1 投向短路侧，开关 K_2 投向 E_2 侧），重复实验步骤（6）的测量和记录。

（8）令 E_1 和 E_2 共同作用时（开关 K_1 和 K_2 分别投向 E_1 和 E_2 侧），重复上述的测量和记录。

（9）将 R_5 换成一只二极管 2N4007（将开关 K_3 投向二极管 D 侧），重复（6）～（9）的测量过程，并将数据填入表1-16中。

表1-16 实验数据表

测量项目 实验内容	E_1/V	E_2/V	I_1/mA	I_2/mA	I_3/mA	U_{AB}/V	U_{CD}/V	U_{AD}/V	U_{DE}/V	U_{FA}/V
E_1 单独作用										
E_2 单独作用										
E_1、E_2 共同作用										

(10) 断开 R_3，测量其断开处的开口电压 U_{AD}（戴维南等效代换电源电压），如图 1-49 所示，并作记录，然后再把电源 E_1 和 E_2 作短接处理（除源），按照图 1-50 所示的电路图接线，分别读取电流表和电压表的读数 U_S 和 I（$R_i = \dfrac{U_S}{I}$），并把数据填入表 1-17 中。加上去掉的 R_3 进行 I_3 的相应计算，并和前面测量的值进行对比。

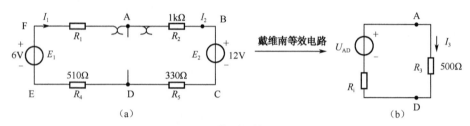

图 1-49 戴维南等效代换图

(a) 电路图；(b) 戴维南等效电路图

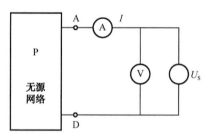

图 1-50 除源后的等效电阻图

表 1-17 测量数据表

R_3 断开处开口电压 U_{AD}/V（等效代换后电源电压）	
除源后电压表读数 U_S/V	
除源后电流表读数 I/A	
等效电源电阻 $R_i = \dfrac{U_S}{I}/\Omega$	
去掉支路电流 $I_3 = \dfrac{U_{AD}}{R_i + R_3}/A$	

五、完成任务思考

(1) 根据实验数据表，对实验结论进行分析、比较、归纳、总结，从

表1-13和表1-14中能得出什么样的结论?

(2) 通过实验步骤(9)及数据表1-15和表1-16,能得出什么样的结论?

(3) 实验数据和理论定理或概念是否一致,为什么?

(4) 通过上述任务的实施你学到了什么?

典型任务实施——电流表、电压表量程扩大改装并校验

一、实施目标

(1) 掌握直流数字电压表和直流数字电流表扩展量程的原理和设计方法;

(2) 学会校验仪表的方法。

二、实施器材

(1) 直流数字电压表、直流数字电流表各一块;

(2) 恒压源(含+6V、+12V、0~+30V可调);

(3) 电阻箱、固定电阻、电位器若干个;

(4) 磁电式表头(1mA、160Ω)一个。

三、实施原理

多量程电压表或电流表由表头和测量电路组成,表头通常选用磁电式仪表,其满量程和内阻用 I_m 和 R_0 表示。通常用一个适当阻值的电位器与表头串联,以便在校验仪表时校正测量的数值。

多量程(如+1V、+10V)电压表的测量电路如图1-51所示,图中 R_1、R_2 称为倍压电阻,它们的阻值与表头参数应满足下列方程:

(1) $I_m(R_0 + R_{P1} + R_1) = 1V$;

(2) $I_m(R_0 + R_{P1} + R_1 + R_2) = 10V$。

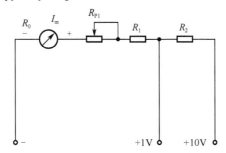

图1-51 多量程电压表的测量电路

多量程（如 10mA、100mA、500mA）电流表的测量电路如图 1-52 所示，图中 R_3、R_4、R_5 称为分流电阻，它们的阻值与表头参数应满足下列方程：

(1) $I_m (R_0 + R_{P2}) = (R_3 + R_4 + R_5) \times (10 \times 10^{-3} - I_m)$；

(2) $I_m (R_0 + R_{P2} + R_3) = (R_4 + R_5) \times (100 \times 10^{-3} - I_m)$；

(3) $I_m (R_0 + R_{P2} + R_3 + R_4) = R_5 \times (500 \times 10^{-3} - I_m)$。

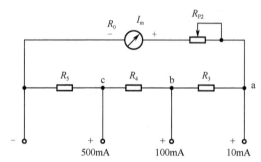

图 1-52 多量程电流表的测量电路

当表头参数确定后，倍压电阻和分流电阻均可计算出来。根据上述原理和计算，可以得到仪表扩展量程的方法。

扩展电压表量程：用表头直接测量电压表的数值为 I_m、R_0，见图 1-51。若用它来测量 1V 的电压时，必须串联倍压电阻 R_1；若测量 10V 电压时，必须串联倍压电阻 R_1 和 R_2。

扩展电流表量程：用表头直接测量电流表的数值为 I_m，当用它来测量大于 I_m 的电流时，必须并联分流电阻 R_3、R_4、R_5，如图 1-52 所示。若测量 10mA 时，"-" 端从 "a" 引出；当测量 100mA 时，"-" 端从 "b" 引出；当测量 500mA 时，"-" 端从 "c" 引出。

磁电式仪表可用来测量直流电压、电流，且表盘上的刻度是均匀的（即线性刻度）。因而，扩展后的表盘刻度根据满量程均匀划分即可。在校验仪表时，首先必须校准满量程，然后再逐一校验其他各点。

四、实施内容与步骤

(1) 设计多量程电压表（1V、10V）。根据原理说明，用磁电式表头（$I_m = 1mA$，$R_0 = 160\Omega$）串联一电位器 R_{P1} 和两个阻值适当的倍压电阻，构成磁电式多量程电压表，量程分别为 1V 和 10V。

(2) 设计多量程电流表。用磁电式表头（1mA、160Ω）串联一电位器 R_{P2}，再并联三个阻值适当的分流电阻，构成磁电式多量程电流表，量程分别为 10mA、100mA、500mA。

(3) 用设计好的多量程电压表测量恒压源可调电压输出端的电压，并用直流数字电压表校验，如果在满量程时有误差，则用电位器 R_{P1} 调整，然后再校验其他各点，并将校验数据记录在自拟的数据表中。

(4) 用直流数字电流表校验多量程电流表，如果在满量程时有误差，则用电位器 R_{P2} 调整，然后再校验其他各点，并将校验数据记录在自拟的数据表中。校验电路如图 1-53 所示，电源用恒压源的 12V 输出端，制作的电流表、直流数字电流表和电阻 R_{L1}、R_{L2} 串联，其中 $R_{L1}=51\Omega$，R_{L2} 用 1kΩ 的电位器，R_{L1}、R_{L2} 均用来限流，以使流过毫安表的电流不超过其满偏值。

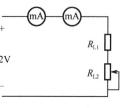

图 1-53 校验电路

五、实施任务注意事项

(1) 磁电式表头有正、负两个连接端，在电路中一定要保证电流从正端流入，否则指针将反转。

(2) 电流表的表头和分流电阻要可靠连接，不允许与分流电阻断开。

(3) 校准 1V 和 10V 电压表满量程时，均要调整电位器 R_{P1}。同样，在校准 10mA、100mA、500mA 电流表满量程时，也均要调整电位器 R_{P2}。

(4) 实验台上恒压源的可调稳压输出电压的大小，可通过粗调（分段调）波动开关和细调（连续调）旋钮进行调节，并由直流数字电压表显示。在启动恒压源时，应先使其输出电压的调节旋钮置零位，待实验时再慢慢增大。

六、完成任务报告要求

(1) 依据给定的表头，设计 1V 和 10V 电压表的测量电路，并计算出各量程的倍压电阻。自拟记录校验数据表。

(2) 依据给定的表头，设计 10mA、100mA 和 500mA 电流表的测量电路，并计算出各量程的分流电阻。自拟记录校验数据表。

(3) 画出 1V、10V 电压表和 10mA、100mA、500mA 电流表的测量电路，并标明倍压电阻和分流电阻的阻值。

(4) 根据校验数据写出电压表和电流表的校验报告。

七、完成任务思考

(1) 电压表和电流表的表盘如何刻度？
(2) 如何对扩展量程后的电压表和电流表进行校验？

练习与思考

一、填空题

(1) 功率（　　　）应用叠加原理叠加。

(2) 恒压源与恒流源之间（　　　）等效变换关系。

(3) 已知 $R_1 > R_2$，则在它们的串联电路中，R_1 比 R_2 取得的功率（　　　），在它们的并联电路中，R_1 比 R_2 取得的功率（　　　）。

(4) 已知一个 $I_S = 2A$、$R_0 = 2\Omega$ 的电流源等效成一个电压源，则 $E =$（　　　），$R_0 = $（　　　）。

(5) 任何一个无源线性二端网络都可以等效为一个（　　　）。

(6) 若电阻上的电流与它两端的电压之比是常数，这种电阻被称为（　　　）电阻。

(7) 在并联电路中，等效电阻的倒数等于各电阻倒数（　　　）。并联的电阻越多，等效电阻值越（　　　）。

(8) 当用戴维南定理求等效电路的电阻时，应对原网络内部的电压源作（　　　）处理，电流源作（　　　）处理。

(9) 并联电路的电流分配原则：每个电阻上分配的电流的大小，与其（　　　）成（　　　）比。

(10) 内阻为零的电压源被称为（　　　），内阻为无穷大的电流源被称为（　　　）。

二、选择题

(1) 叠加原理可以叠加的电量有（　　　）。

A. 电流　　　　B. 电压　　　　C. 功率　　　　D. 电压、电流

(2) 下面叙述正确的是（　　　）。

A. 电压源与电流源不能等效变换

B. 电压源与电流源变换前后对内电路不等效

C. 电压源与电流源变换前后对外电路不等效

D. 以上三种说法都不正确

(3) 如图 1-54 所示的电路，下面的表达式中正确的是（　　　）。

A. $I_1 = R_2 I/(R_1 + R_2)$　　　　B. $I_2 = -R_2 I/(R_1 + R_2)$

C. $I_1 = -R_2 I/(R_1 + R_2)$

(4) 如图 1-55 所示的电路，下面的表达式中正确的是（　　　）。

A. $U_1 = -R_1 U/(R_1 + R_2)$　　　　B. $U_2 = R_2 U/(R_1 + R_2)$

C. $U_2 = -R_2 U/(R_1 + R_2)$

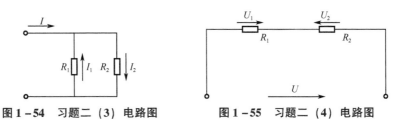

图 1-54 习题二（3）电路图　　图 1-55 习题二（4）电路图

（5）在图 1-56 所示的电路中，电源电压是 12V，四只瓦数相同的白炽灯工作电压都是 6V。要使白炽灯正常工作，接法正确的是（　　）。

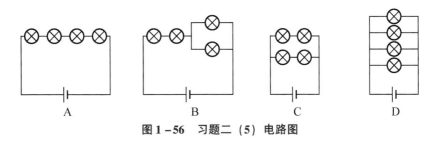

图 1-56 习题二（5）电路图

（6）某节点 B 为三条支路的连接点，其电流分别为 $I_1 = 2A$，$I_2 = 4A$，$I_3 =$（　　）（设电流的参考方向都指向节点 A）。

A. -2A　　　　B. -4A　　　　C. -6A

（7）理想电流源向外电路提供的（　　）是一个常数。

A. 电压　　　　B. 电阻　　　　C. 电流　　　　D. 功率

（8）在电路中，任一瞬时流向某一点的电流之和应（　　）由该节点流出的电流之和。

A. 大于　　　　B. 小于　　　　C. 等于

（9）所谓的等效电源定理，就它的外部电路来说，总可以由一个等效电动势 E 和等效内阻 R 相（　　）的简单电路来代替。

A. 串联　　　　B. 并联　　　　C. 混联

（10）从回路中的任意一节点出发，以顺时针方向或逆时针方向沿回路循环一周，则在这个方向上的电动势代数和等于各电压降的代数和，这个定律被称为（　　）。

A. 节点电流定律　　　　　　　　B. 回路电压定律
C. 欧姆定律　　　　　　　　　　D. 楞次定律

三、判断题

（1）一个电路的等效电路与该电路处处相等。（　　）

（2）基尔霍夫定律对于任一时刻的电压、电流来说都是成立的。（　　）

（3）电阻的并联具有分压作用。（   ）

（4）网孔一定是回路，而回路未必是网孔。（   ）

（5）在同一电路中，若两个电阻的端电压相等，则这两个电阻一定是并联的。（   ）

（6）若几个不等值的电阻串联，则每个电阻通过的电流也不相等。（   ）

（7）在直流电路中，之所以不标 L 和 C 是因为这时 $R_L = \infty\,\Omega$，而 $R_C = 0\,\Omega$。（   ）

项目二

电桥电路的学习与测试

任务一 直流线性电阻性电路的分析计算

知识链接一 电压源和电流源的等效互换

一、电压源

(一) 理想电压源

输出电压不受外电路影响,只依照自己固有的随时间变化的规律而变化的电源,称为理想电压源。图 2-1 (a) 所示是理想电压源的一般表示符号,符号"+""-"号是其参考极性。但如果电压源的电压为常数,就称为直流电压源,其电压一般用 U_S 来表示,图 2-1 (b) 所示是理想直流电压源。但有时涉及的直流电压源是电池,在这种情况下还可以用图 2-1 (c) 的符号,其中长线段表示电压源的高电位端,短线段表示电压源的低电位端。理想直流电压源的伏安特性曲线如图 2-2 所示,它是一条平行于横轴的直线,它表明其端电压与电流的大小及方向无关。

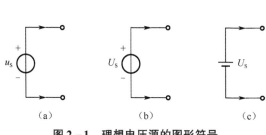

图 2-1 理想电压源的图形符号
(a) 一般表示符号;(b) 理想直流电压源;(c) 电池

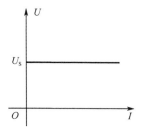

图 2-2 理想直流电压源的伏安特性曲线

理想电压源具有如下几个性质:

(1) 理想电压源的端电压是常数 U_S,或是时间的函数 $U_S(t)$,它与输出电流无关。

(2) 理想电压源的输出电流和输出功率取决于与它连接的外电路。

图 2-3 表示出了电压源的两个特点。图 2-3 (a) 表示电压源没有接外电路,电流 $i=0$,这种情况称为"开路";而图 2-3 (b) (c) 所示的两个外电路却是不同的,因此这两种情况下的电流 i_1 和 i_2 也将是不同的。

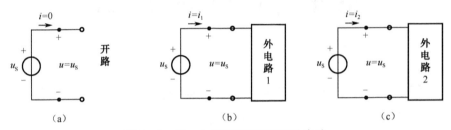

图 2-3 同一个电压源接于不同外电路
(a) 不接外电路 (开路); (b) 接外电路 1; (c) 接外电路 2

根据所连接的外电路,电压源中电流的实际方向既可以从高电位处流向低电位处,也可以从低电位处流向高电位处。如果电流从电压源的低电位处流向高电位处,那么电压源释放能量,这是由于正电荷逆着电场方向由低电位处移至高电位处,外来力必须对它做功的缘故。这时,电压源起电源的作用,发出功率。反之,当电流从电压源的高电位处流向低电位处时,电压源吸收功率,这时电压源将作为负载。

(二) 实际电压源

理想电压源是从实际电压源中抽象出来的理想化元件,在实际中是不存在的。像发电机、干电池等实际电压源,由于电源内部存在损耗,所以其端电压都会随着电流的变化而变化。例如当电池接上负载后,其电压就会降低,这是由于电池内部有电阻的缘故。所以,可以采用如图 2-4 所示的方法来表示这种实际的电压源,即可以用一个理想电压源和一个电阻串联来模拟,此模型称为实际电压源模型。如图 2-4 (a) 所示为实际交流电压源模型;如图 2-4 (b) 所示是实际直流电压源模型。

图 2-4 实际电压源模型
(a) 实际交流电压源模型; (b) 实际直流电压源模型

电阻 r_0 和 R_0 叫作电源的内阻,又称为输出电阻。
实际电压源的端电压为:

$$u = u_S - ir_0$$
$$U = U_S - IR_0$$

如图 2-5 所示是实际直流电压源的伏安特性曲线。

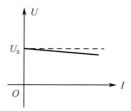

图 2-5　实际直流电压源的伏安特性曲线

二、电流源

(一) 理想电流源

理想电流源也是一个二端理想元件。与理想电压源相反,通过理想电流源的电流与电压无关,不受外电路影响,只依照自己固有的随时间变化的规律而变化,这样的电源称为理想电流源。如图 2-6 (a) 所示是理想电流源的一般表示符号,其中 i_S 表示电流源的电流,箭头表示理想电流源的参考方向;如图 2-6 (b) 所示是理想直流电流源,其伏安特性曲线如图 2-6 (c) 所示,它是一条平行于纵轴的直线,它表明其输出电流与端电压的大小无关。

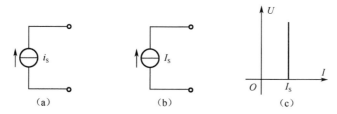

图 2-6　理想电流源的图形符号和伏安特性
(a) 理想电流源的一般表示符号;(b) 理想直流电流源;(c) 伏安特性曲线

理想电流源具有如下几个性质:

(1) 理想电流源的输出电流是常数 I_S 或是时间的函数 $i_S(t)$,不会因为所连接的外电路的不同而改变,且与理想电流源的端电压无关。

(2) 理想电流源的端电压和输出功率取决于它所连接的外电路。

(二) 实际电流源

理想电流源是从实际电流源中抽象出来的理想化元件,在实际中也是不存在的。像光电池这类实际电流源,由于其内部存在损耗,所以接通负载后输出电流降低。这样的实际电流源,可以用一个理想电流源和一个电阻并联来模拟,此模型称为实际电流源模型。如图 2-7(a)所示为实际交流电流源模型。图 2-7(b)所示是实际直流电流源模型。电阻 r_i(或 R_i)叫作电源的内阻,也称为输出电阻。实际直流电流源输出电流为:

$$I = I_S - \frac{U}{R_i} \qquad (2-1)$$

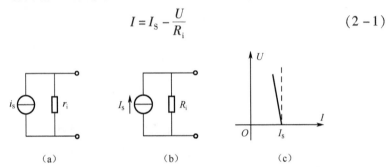

图 2-7 实际电流源模型和伏安特性
(a) 实际交流电流源模型;(b) 实际直流电流源模型;(c) 伏安特性曲线

例 2-1 试求图 2-8(a)中电压源的电流与图 2-8(b)中电流源的电压。

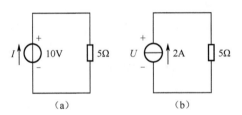

图 2-8 例 2-1 电路图
(a) 电压源;(b) 电流源

解: 在图 2-8(a)中,流过电压源的电流也是流过 5Ω 电阻的电流,所以流过电压源的电流为:

$$I = \frac{U_S}{R} = \frac{10}{5} = 2 \text{ (A)}$$

在图 2-8(b)中,电流源两端的电压也是加在 5Ω 电阻两端的电压,所以电流源的电压为:

$$U = I_S R = 2 \times 5 = 10 \text{ (V)}$$

在电流源中,电流是给定的,但电压的实际极性和大小与外电路有关。因此,如果电压的实际方向与电流的实际方向相反,则正电荷从电流源的低电位处流至高电位处,这时电流源发出功率,起电源的作用;但如果电压的实际方向与电流的实际方向一致,则电流源吸收功率,这时电流源便可作为负载使用。

三、电压源、电流源的串联和并联

当 n 个电压源串联时,则可以用一个电压源来等效替代。这个等效的电压源的电压(见图2-9(a))

$$U_S = U_{S1} + U_{S2} + \cdots + U_{Sn} = \sum_{k=1}^{n} U_{Sk} \qquad (2-2)$$

当 n 个电流源并联时,则可以用一个电流源来等效替代。这个等效的电流源的电流(见图2-9(b))

$$I_S = I_{S1} + I_{S2} + \cdots + I_{Sn} = \sum_{k=1}^{n} I_{Sk} \qquad (2-3)$$

但要注意:只有电压相等的电流源才允许并联,只有电流相等的电压源才允许串联。

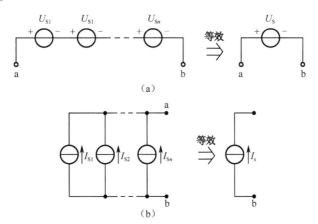

图2-9 电压源的串联和电流源并联

(a)电压源的串联;(b)电流源的并联

从外部性能等效的角度来看,任何一条支路与电压源 U_S 并联后,总可以用一个等效电压源来替代,等效电压源的电压为 U_S,但等效电压源中的电流不等于替代前的电压源的电流,而等于外部电流 I,见图2-10(a)。同理,任何一条支路与电流源 I_S 串联后,总可以用一个等效电流源来替代,等效电流源的电流为 I_S,但等效电流源的电压不等于替代前的电流源的电压,而等于外部电压 U,见图2-10(b)。

因此,这种替代对于外电路来说是等效的,但对于被替代的看成是内部的支路来说,由于其结构的改变,所以是不等效的。

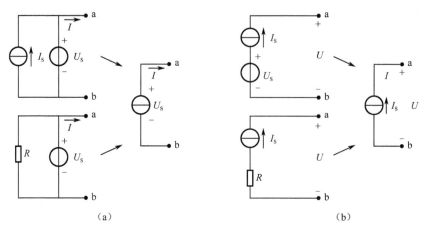

图 2-10 电源与支路的串联和并联
(a) 电压源与支路的并联；(b) 电流源与支路的串联

四、电压源与电流源的等效变换

在电路计算中，有时要求用电流源和电阻的并联组合来等效替代电压源和电阻的串联组合或者用电压源和电阻的串联组合来等效替代电流源和电阻的并联组合。

图 2-11 所示出这两种组合的电路图。如果它们等效，则要求当它们与外部相连的端钮 1、2 之间具有相同的电压 U 时，端钮上的电流也必须相等，即 $I = I'$。

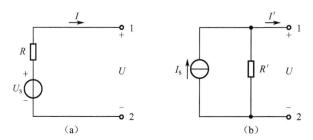

图 2-11 电压源与电流源的等效变换
(a) 电压源与电阻串联；(b) 电流源与电阻并联

在电压源和电阻的串联组合中，$I = \dfrac{U_S - U}{R} = \dfrac{U_S}{R} - \dfrac{U}{R}$；而在电流源和电阻的并联组合中，$I' = I_S - \dfrac{U}{R'}$。根据等效变换的要求 $I = I'$ 得：

$$I_S = \frac{U_S}{R}, \quad R = R' \qquad (2-4)$$

式（2-4）就是电压源和电流源这两种电源等效变换时所必须满足的条件。在进行电源等效变换时应注意以下几个问题：

（1）当应用式（2-4）时，U_S 和 I_S 的参考方向应如图 2-11 所示，即 I_S 的参考方向由 U_S 的负极指向正极。

（2）这两种等效的组合，其内部功率情况并不相同。只是对外电路来说，它们吸收或放出的功率总是一样的，所以，等效变换只适用于外电路，对内电路不等效。

（3）恒压源和恒流源不能等效互换。

例 2-2 求图 2-12（a）所示的电路中 R 支路的电流。已知 $U_{S1} = 10V$，$U_{S2} = 6V$，$R_1 = 1\Omega$，$R_2 = 3\Omega$，$R = 6\Omega$。

解：先把每个电压源与电阻串联的支路变换为电流源与电阻并联的支路，如图 2-12（b）所示，其中

$$I_{S1} = \frac{U_{S1}}{R_1} = \frac{10}{1} = 10 \text{（V）}$$

$$I_{S2} = \frac{U_{S2}}{R_2} = \frac{6}{3} = 2 \text{（V）}$$

图 2-12（b）中的两个并联电流源可以用一个电流源代替，其中，

$$I_S = I_{S1} + I_{S2} = 10 + 2 = 12 \text{（A）}$$

R_1、R_2 并联的等效电阻：

$$R_{12} = \frac{R_1 R_2}{R_1 + R_2} = \frac{1 \times 3}{1 + 3} = \frac{3}{4} \text{（Ω）}$$

电路简化如图 2-12（c）所示。

对于图 2-12（c）所示的电路，根据分流关系可求得 R 的电流 I 为：

$$I = \frac{R_{12}}{R_{12} + R} \times I_S = \frac{\frac{3}{4}}{\frac{3}{4} + 6} \times 12 = \frac{4}{3} = 1.333 \text{（A）}$$

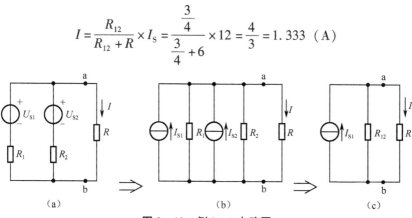

图 2-12 例 2-2 电路图

注意： 当用电源变换法分析电路时，待求支路应保持不变。

知识链接二 支路电流分析法

前面介绍的分析方法，都是利用等效变换，逐步化简电路，最后找出待求的电流和电压。用这类方法分析不太复杂的电路是行之有效的。但是，由于这类方法局限于一定结构形式的电路，并且也不便对电路作一般性的探讨。因此，如果要对较复杂的电路进行全面的一般性的探讨，还需寻求一些系统化的普遍方法，即不改变电路结构，先选择电路变量（电流或电压），再根据KCL、KVL建立电路变量的方程，从而求解变量的方法。

支路电流分析法是指以支路电流作为电路的变量，直接应用基尔霍夫电压、电流定律，列出与支路电流数目相等的独立节点电流方程和回路电压方程，然后再联立方程解出各支路电流的一种方法。

以图 2-13 所示的电路为例说明支路电流分析法的方法和步骤。

(1) 由电路的支路数 m，确定待求的支路电流数。该电路的支路数 $m = 6$，则支路电流有 $I_1, I_2, \cdots, I_6$ 六个，然后再分别确定它们的参考电流方向，如图 2-13 所示。

(2) 该电路的节点数 $n = 4$，分别用标号标出，并通过 KCL 列出 $n-1$ 个独立的节点方程。

① ~③的节点方程为：

$$-I_1 + I_2 + I_6 = 0$$
$$-I_2 + I_3 + I_4 = 0$$
$$-I_3 - I_5 - I_6 = 0$$

而④节点的方程 $I_1 - I_4 + I_5 = 0$ 可从①~③的节点方程中推出，所以不是独立的，即在图 2-13 中①~④的 4 个节点中可列出 3 个独立的节点电流方程。

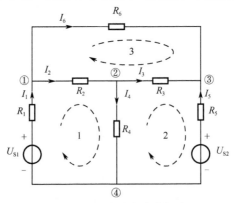

图 2-13 支路电流分析法

(3) 根据 KVL 列出回路方程。选取 $l = m - (n-1)$ 个独立的回路,并选定回路绕行方向如图 2-13 所示,由 KVL 列出 l 个独立的回路方程。

1~3 的回路方程为:

$$I_1R_1 + I_2R_2 + I_4R_4 = U_{S1}$$
$$I_3R_3 - I_4R_4 - I_5R_5 = -U_{S2}$$
$$-I_2R_2 - I_3R_3 + I_6R_6 = 0$$

在图 2-13 中,其他回路的方程都可从 1~3 的回路方程中推出,所以不是独立的,即在图 2-13 中只有 $l = m - (n-1) = 6 - (4-1) = 3$(个)独立回路,所以可列出 3 个独立的回路方程。

(4) 将六个独立方程联立求解,得各支路电流。

如果计算结果中支路电流的值为正,则表示实际电流的方向与参考方向相同;但如果某一支路的电流值为负,则表示实际电流的方向与参考方向相反。

(5) 根据电路的要求,求出其他待求量,如支路或元件上的电压、功率等。

综上所述,对于具有 n 个节点、m 条支路的电路,根据 KCL 能列出 $(n-1)$ 个独立方程,根据 KVL 能列出 $m - (n-1)$ 个独立方程,这两种独立方程的数目之和正好与所选待求变量的支路数目相同,联立方程求解即可得到 m 条支路的电流。与这些独立方程相对应的节点和回路分别叫作独立节点和独立回路。

由此可以证明,具有 n 个节点、m 条支路的电路具有 $(n-1)$ 个独立节点和 $m - (n-1)$ 个独立的回路。

注意:

(1) 对于独立节点应如何选择,原则上是任意的。一般在 n 个节点中任选 $n-1$ 个节点为来列方程即可,但要选方程比较简单的节点,以便于计算。

(2) 对于独立回路应如何选择,原则上也是任意的。一般在每选一个回路时,只要使这个回路中至少具有一条新支路在其他已选定的回路中未曾出现过,那么这个回路就一定是独立的。通常,平面电路中的一个网孔就是一个独立回路,网孔数就是独立回路数,所以可选取所有的网孔列出一组独立的 KVL 方程。

通过上面分析,可总结出利用支路电流分析法分析计算电路的一般步骤如下:

(1) 在电路图中选定各支路 m 个电流的参考方向,并设出各支路电流。

(2) 对独立节点列出 $(n-1)$ 个 KCL 方程。
(3) 设定各网孔绕行的方向，列出 $m-(n-1)$ 个 KVL 方程。
(4) 联立求解上述 m 个独立方程，即可得出待求的各支路电流。

例 2-3 求如图 2-14 所示的电路中各支路电流和各元件的功率。

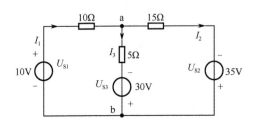

图 2-14 例 2-3 电路图

解：以支路电流 I_1、I_2、I_3 为变量，应用 KCL、KVL 列出方程。
(1) 对于两节点 a、b，应用 KCL 可列出一个独立的节点电流方程。
节点 a、b：$-I_1 + I_2 + I_3 = 0$
(2) 列出网孔独立回路电压方程：
$$10I_1 + 5I_3 = 30 + 10$$
$$15I_2 - 5I_3 = 35 - 30$$
(3) 联立方程求解各支路电流得：
$$I_1 = 3A \quad I_2 = 1A \quad I_3 = 2A$$

由于 I_1、I_2、I_3 均为正值，所以这表明它们的实际方向与所选的参考方向相同，即三个电压源全部都是从正极输出电流，所以全部输出功率。

U_{S1} 输出的功率为：
$$U_{S1}I_1 = 10 \times 3 = 30 \text{ (W)}$$

U_{S2} 输出的功率为：
$$U_{S2}I_2 = 35 \times 1 = 35 \text{ (W)}$$

U_{S3} 输出的功率为：
$$U_{S3}I_3 = 30 \times 2 = 60 \text{ (W)}$$

各电阻吸收的功率为 $P = I^2R$。
$$P = 10 \times 3^2 + 5 \times 2^2 + 15 \times 1^2 = 125 \text{ (W)}$$

由此可见功率平衡，所以这表明计算正确。

知识链接三　戴维南定理及其等效变换

电路或网络的一个端口是向外引出的一对端钮，这对端钮可作为测量用，也可以作为与外部的电源或其他网络连接用。如果网络具有两个引出端钮与外电路相连，而不管其内部的结构如何复杂，这样的网络就叫作一端口网络或二端网络。二端网络按其内部是否含有电源，可分为无源二端网络和含源二端网络两种，图 2-15（a）（c）所示为无源二端网络，（b）（d）所示为含源二端网络。

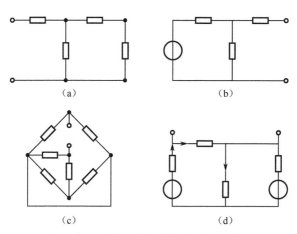

图 2-15 无源二端网络和含源二端网络
(a)(c) 无源二端网络；(b)(d) 含源二端网络

戴维南定理：任何一个线性含源二端网络，对外电路来说，都可以用一条含源支路（电压源 U_{OC} 和电阻 R_i 串联组合）来等效替代，该含源支路的电压源电压 U_{OC} 等于线性含源二端网络的开路电压，其电阻等于线性含源二端网络简化成无源网络后的入端等效电阻 R_i，也就是等于网络内部所有独立电源取零而所有电阻不变的情况下所得的无源二端网络的等效电阻。

应用戴维南定理的关键在于正确理解和求出线性含源二端网络的开路电压和入端电阻。

所谓线性含源二端网络的开路电压，就是把外电路从 a、b 断开后在含源二端网络引出端 a、b 间的电压；所谓入端电阻，就是在开路情况下，从 a、b 看进去的总电阻，也就是相应的线性含源二端网络内部所有独立电源取零（即电流源处代以开路，电压源处代以短路）后，简化成为无源二端网络的等效电阻。

等效电阻的计算方法有以下三种：

(1) 设网络内所有独立电源为零，用电阻串并联或三角形与星形网络变换加以化简，计算端口 a、b 的等效电阻。

(2) 设网络内所有独立电源为零，在端口 a、b 处施加一电压 U，并计算或测量输入端口的电流 I，则等效电阻 $R_i = \dfrac{U}{I}$。

(3) 用实验方法测量，或用计算方法求得该线性含源二端网络的开路电压 U_{OC} 和短路电流 I_{SC}，则等效电阻 $R_i = \dfrac{U_{OC}}{I_{SC}}$。

利用戴维南定理解题的步骤有以下几步。

将电路分为两部分：一部分是待求支路，将其看成外电路；另一部分则是有源二端网络，将其看成内电路；

将待求支路从电路中拿开而形成一个开口即含源二端网络，并在开口处求端口电压即含源二端网络的开路电压 U_{OC}；

对含源二端网络除源，(理想电压源短路处理，理想电流源开路处理，但保持所有电阻不变)，求除源后无源二端网络的入端等效电阻 R_i；

用 U_{OC}、R_i 代替原有的含源二端网络电路，然后再把待求支路从开口处连上，求未知量。

例 2-4 如图 2-16 所示的电路，已知 $R_1 = 1\Omega$，$R_2 = 0.6\Omega$，$R_3 = 24\Omega$，$U_{S1} = 130\text{V}$，$U_{S2} = 117\text{V}$，求 I_3、U_3、P_3。

解： 电路分成含源二端网络 (如图 2-16 (a) 虚框所示) 和待求支路两部分。把待求支路看成外电路从电路中拿开剩下的，如图 2-16 (b) 所示的含源二端网络，求开口处的端口电压 $U_{OC} = U_{ab}$，则有：

$$I_0 \times (R_1 + R_2) - U_{S1} + U_{S2} = 0 \Rightarrow I_0 \times 1.6 - 130 + 117 = 0$$

$$I_0 = \frac{13}{1.6} = 8.125 \text{ (A)}$$

$$U_{OC} = U_{S2} + I_0 \times R_2 = 117 + 0.6 \times 8.125 = 121.9 \text{ (V)}$$

对图 2-16 (b) 所示的含源二端网络除源可得图 2-16 (c)，求入端等效电阻 R_i，即 R_{ab}。

$$R_i = \frac{R_1 \times R_2}{R_1 + R_2} = \frac{1 \times 0.6}{1 + 0.6} = \frac{3}{8} = 0.375 \text{ (}\Omega\text{)}$$

用 U_{OC}、R_i 代替原含的含源二端网络电路，然后再把待求支路从开口处连上，如图 2-16 (d) 所示，求未知量 I_3、U_3。

$$I_3 = \frac{U_{OC}}{R_i + R_3} = \frac{121.9}{0.375 + 24} = 5 \text{ (A)}$$

$$U_3 = I_3 R_3 = 5 \times 24 = 120 \text{ (V)}$$

$$P_3 = I_3^2 R_3 = 5^2 \times 24 = 600 \text{ (W)}$$

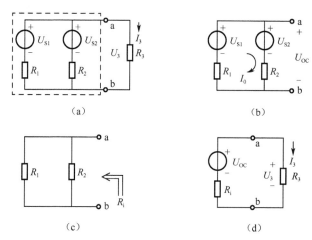

图2-16 例2-4 电路图

例2-5 如图2-17所示的电路,用戴维南定理求电流I。

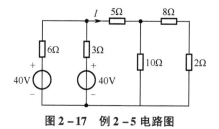

图2-17 例2-5 电路图

解:移去待求支路,如图2-18(a)所示,求U_{OC}。

由图2-17所示的电路可知,电路中没有电流的流动,所以开口处电压等于电源电压,即$U_{OC}=40V$。

除去独立电源求入端电阻R_i。

由图2-18(b)可得:

$$R_i = R_o = \frac{3\times 6}{3+6} + \frac{10\times(8+2)}{10+8+2} = 2+5 = 7\ (\Omega)$$

画出戴维南等效电路,并接入待求支路如图2-18(c)所示,求响应I。

$$I = \frac{U_{OC}}{R_o+5} = \frac{40}{7+5} = \frac{10}{3}\ (A)$$

戴维南定理常常用来分析电路中某一支路的电压和电流,但如果将外电路的待求支路看成是含源支路或是含源二端网络,戴维南定理仍然适用。

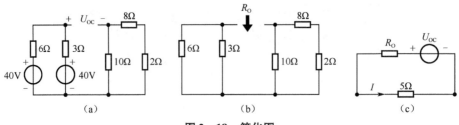

图 2-18 简化图

(a) 移去待求支路；(b) 除去独立电源；(c) 戴维南等效电路

任务二 电桥电路的分析与测试

知识链接一 电桥的分类与作用

按激励电压分：供桥电源电压是直流电压时，称为直流电桥；供桥电源电压为交流电压时，称为交流电桥。

按工作方式分：电桥的工作方式有偏差工作方式和调零工作方式。

一、直流电桥

1. 平衡电桥

输出电压为：

$$U_0 = U_{BA} - U_{DA}$$
$$= I_1 R_1 - I_2 R_4$$
$$= \frac{R_1}{R_1 + R_2} U_S - \frac{R_4}{R_3 + R_4} U_S$$
$$= \frac{R_1 R_3 - R_2 R_4}{(R_1 + R_2)(R_3 + R_4)} U_S$$

由上式可见，若 $R_1 R_3 = R_2 R_4$，则输出电压必为零，此时电桥处于平衡状态，称为平衡电桥。

平衡电桥的平衡条件为：

$$R_1 R_3 = R_2 R_4$$

2. 非平衡电桥

1) 单臂工作电桥

这里以桥臂电阻 R_1 作为工作臂，如图 2-19 所示。

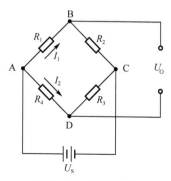

图 2-19 直流电桥

设 $R_2 = R_3 = R_4 = R_0$,$R_1 = R_0 + \Delta R$,其中 R_0 为一常数,则输出电压为:

$$U_O = \frac{R_1 R_3 - R_2 R_4}{(R_1 + R_2)(R_3 + R_4)} U_S = \frac{\Delta R}{4R_0 + 2\Delta R} U_S$$

若电桥用于微电阻变化的测量,且有 ΔR 远小于 R_0,则:

$$U_O \approx \frac{\Delta R}{4R_0} U_S$$

2) 双臂工作电桥

两个邻边桥臂有相同的微电阻变化,如电阻 R_1 有变化 $R_0 + \Delta R$,电阻 R_2 有变化 $R_0 - \Delta R_0$,所以可导出公式

$$U_O = \frac{\Delta R}{2R_0} U_S$$

3) 四臂工作电桥

四个桥臂均有相同的微电阻变化,且电阻变化以差动方式增大或减小,满足以下关系:

$$R_1 = R_2 = R_3 = R_4 = R_0$$
$$\Delta R_1 = \Delta R_2 = \Delta R_3 = \Delta R_4 = \Delta R$$

其输出电压为:

$$U_O = \frac{\Delta R}{R_0} U_S$$

3. 讨论

1) 电桥的灵敏度

在电桥电路中,灵敏度定义为:

$$S = \frac{U_O}{\frac{\Delta R}{R_0}}$$

它将 $\Delta R/R_0$ 作为输入,而不是仅把 ΔR 当作输入。由此可以求得上述各种

电桥的灵敏度分别为：

$$S_1 = 1/4U_0$$
$$S_2 = 1/2U_0$$
$$S_4 = U_0$$

2）非线性误差

在推导灵敏度公式的过程中，单臂工作电桥由于在分母上有 $2\Delta R$ 项，使输出电压的变化与电阻的变化具有非线性误差，所以在精密测量中要考虑这个非线性误差的影响。

二、交流电桥

如图 2-20 所示为交流电桥，它采用交流电压供电，四个桥臂可以是电感 L、电容 C 或者电阻 R，且均用阻抗符号 Z 表示。

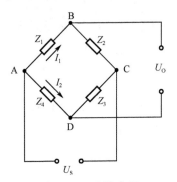

图 2-20 交流电桥

根据对直流电桥的讨论可以得出：

$$U_0 = \frac{Z_1 Z_3 - Z_2 Z_4}{(Z_1 + Z_2)(Z_3 + Z_4)} U_S$$

当 $Z_1 Z_3 - Z_2 Z_4 = 0$ 时，电桥输出为零，达到平衡，这时有：

$$Z_1 Z_3 = Z_2 Z_4$$

由于 Z 是复数，所以可以写成：

$$Z = |Z| e^{j\phi}$$

交流电桥的平衡条件：

$$|Z_1||Z_3| e^{j(\phi_1 + \phi_3)} = |Z_2||Z_4| e^{j(\phi_2 + \phi_4)}$$

也可以表示为：

$$|Z_1||Z_2| = |Z_3||Z_4|$$
$$\phi_1 + \phi_3 = \phi_2 + \phi_4$$

知识链接二　惠斯登电桥的结构、原理及应用

一、惠斯登电桥（平衡电桥）测电阻的原理

惠斯登电桥的原理图如图2-21所示，首先接通电源，然后调节电桥平衡，即调节电桥的四个"臂"R_1、R_2、R_3、R_x。当检流计G的指针指零时，B、D两点的电位相等，则有：

$$I_C = 0$$

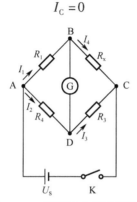

图2-21　惠斯登电桥的原理图

故

$$I_1 = I_x$$
$$I_2 = I_3$$
$$I_1 = R_1 = I_x F_x$$
$$I_2 R_2 = I_3 R_3$$

所以

$$\frac{R_1}{R_2} = \frac{R_x}{R_3}$$

$$R_x = \frac{R_1}{R_2} R_3 = K R_3 \qquad (2-5)$$

$$K = \frac{R_1}{R_2}$$

$$U_O = U_{BC} - U_{DC} = \frac{R_x}{R_1 + R_x} U_S - \frac{R_3}{R_2 + R_3} U_S$$

$$U_O = \frac{R_2 R_x - R_1 R_3}{(R_1 + R_x)(R_2 + R_3)} U_S$$

箱式惠斯登电桥的比率K有0.001、0.01、0.1、1、10、100、1 000七

挡。应根据待测电阻 R_x 的大小选择 K，并调节 R_3 使检流计 G 为零，由 $R_x = KR_3$ 可求出待测电阻 R_x 值。

电流计 G 的 B、D 两点电位。

B 点电位：$\quad\quad\quad\quad U_B = U_S - I_1R_1 = I_4R_x \quad\quad\quad (2-6)$

D 点电位：$\quad\quad\quad\quad U_D = U_S - I_2R_2 = I_3R_3 \quad\quad\quad (2-7)$

由式（2-6）、式（2-7）看出，当 $R_1R_3 = R_2R_x$ 时，电流计 G 的 B、D 两点的电位差 $U_0 = 0$，电桥处于平衡，这就是惠斯登电桥。

二、箱式惠斯登电桥的结构线路

以 QJ23 型箱式惠斯登电桥结构图见图 2-22。

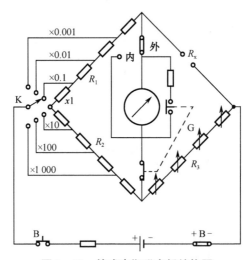

图 2-22　箱式惠斯登电桥结构图

分析箱式惠斯登电桥的结构线路，当比率转换开关 K 连接到 0.001 的挡位时，R_1 代表一只电阻的值，而 R_2 代表 7 只电阻串联的值。在不同的挡位时，R_1、R_2 所代表的电阻串联值各不相同。R_x 表示被测电阻，接线柱 R_3 表示由四个可变电阻箱串联组成的电阻。每个可变电阻箱的挡位 $\times 1\Omega$、$\times 10\Omega$、$\times 100\Omega$、$\times 1\,000\Omega$ 构成见图 2-23。箱式惠斯登电桥的操作步骤如下：

（1）检流计的指针作调零处理。

（2）确定待测量电阻的大致数值，在 R_x 被测电阻接线柱间，接上被测量电阻。

（3）根据被测量电阻的大小值选定比率转换开关 K 连接的挡位。

（4）测量时，用跃接法按下"B"和"G"按钮（按下后立即松开），若指针偏向"+"方向，则增加 R_3 的数值；若指针偏向"-"方向，则减小 R_3

的数值，并反复调节直至电桥平衡。

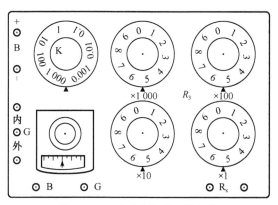

图 2-23 箱式惠斯登电桥挡位

（5）测量有感电阻（如电动机、变压器等）时，应先接通"B"按钮，后接通"G"按钮，但断开时应先放开"G"按钮，再放开"B"按钮。

（6）使用完毕，必须断开"B"按钮和"G"按钮，并且将检流计的连接片接在"内接"位置，同时这也可以保护检流计。

三、测量方法

（1）在被测电阻位置接待测电阻 R_x，按惠斯登电桥的操作方法直接测量。

（2）交换测量法：

$$R_x = \frac{R_1}{R_2}R_3 = KR_3$$

当比率 K 不变时，R_x 和 R_3 的位置相互交换，得到 $R_3 = KR_x$，R_3 是交换后电桥平衡的新值，将 $R_x = KR_3$ 和 $R_3 = KR_x$ 两式整理可得：

$$R_x = \sqrt{R_3 \cdot R'_3}$$

得到的结果表明待测电阻与比率 K 系统无关，所以说明此法可以抵消系统误差的影响。

四、惠斯登电桥原理在温度控制技术中的应用

惠斯登电桥可以测量电阻、电容、电感、温度、频率及压力等许多物理量，同时也广泛应用在自动控制技术中。

惠斯登电桥原理在温度控制技术中的应用：若 R_1、R_2、R_3 为固定电阻，R_x 为热敏电阻，即随温度变化的电阻，$R_x = R(t)$。设室温 $t = t_0$ 时，$R_x = R_{x0}$，当温度 $t = t_0 + \Delta t$ 时，$R_x = R_{x0} + \Delta R_x$，求得电压 U_0 为：

$$U_0 = \frac{R_2 R_{x0} + R_2 \Delta R_x - R_1 R_3}{(R_1 + R_{x0})(R_2 + R_3) + \Delta R_x (R_2 + R_3)} U_S \qquad (2-8)$$

在室温 t_0 时要预调平衡,即调节 R_1、R_2 和 R_3,使 $R_1 R_3 = R_2 R_{x0}$,则式 (2-8) 变为:

$$U_0 = \frac{R_2 \Delta R_x}{(R_1 + R_{x0})(R_2 + R_3) + \Delta R_x (R_2 + R_3)} \cdot U_S \qquad (2-9)$$

若 R_x 电阻变化很小,即 $\Delta R_x \ll R_1$、R_2、R_3,则式 (2-9) 分母中 ΔR_x 项可以略去,所以式 (2-9) 可变为:

$$U_0 = \frac{R_2 \Delta R_x}{(R_1 + R_{x0})(R_2 + R_3)} \cdot U_S \qquad (2-10)$$

这个电压 U_0 是温度升高引起的,所以可以用这个电压 U_0 去控制温度调控设备。

五、惠斯登电桥各桥臂之间的三种典型情况

惠斯登电桥各桥臂之间有以下三种典型情况。

(1) 等臂电桥:$R_1 = R_2 = R_3 = R_{x0}$,式 (2-9) 变为:

$$U_0 = \frac{U_S}{4} \cdot \frac{\Delta R_x}{R_{x0}}$$

即

$$\Delta R_x = \frac{4 U_S}{U_S} \cdot R_{x0} \qquad (2-11)$$

(2) 输出对称电桥(电流计端等臂),也称为卧式电桥。当 $R_1 = R_{x0}$,$R_2 = R_3$,且 $R_1 \neq R_3$ 时,式 (2-9) 变为:

$$U_0 = \frac{U_S}{4} \cdot \frac{\Delta R_x}{R_{x0}}$$

即

$$\Delta R_x = \frac{4 U_0}{U_S} \cdot R_{x0} \qquad (2-12)$$

(3) 电源对称电桥(电源端等臂),也称为立式电桥。当 $R_1 = R_2$,$R_3 = R_{x0}$,且 $R_1 \neq R_3$ 时,式 (2-9) 变为:

$$U_0 = \frac{R_1 R_3}{(R_1 + R_3)^2} \cdot \frac{\Delta R_x}{R_{x0}} \cdot U_S \qquad (2-13)$$

由式 (2-11)、式 (2-12)、式 (2-13) 三式可以看出,当 $\Delta R_x \ll R_1$、R_2、R_3 时,三种电桥的输出电压 U_0 均与 ΔK 呈线性关系。若 R_{x0}、ΔR_x 相同,则等臂电桥、卧式电桥的输出电压 U_0 比立式电桥的输出电压 U_0 要高,故灵敏

度也高。而立式电桥的测量范围大，所以从式（2-13）中

$$\frac{R_1R_3}{(R_1+R_3)^2} = \frac{\dfrac{R_1R_3}{R_1+R_3}}{R_1+R_3} \qquad (2-14)$$

看出，可以通过选择 R_1 和 R_3 来扩大测量范围，R_1 和 R_3 的差距越大，R_x 测量的范围也越大。而测量电压 U_0 后，计算出 ΔR_x，从而可求得 $R_x = R_{x0} + \Delta R_x$。

练习与思考

（1）在如图 2-24 所示的电路中，已知：$U_S = 12V$，$I_{S1} = 0.75A$，$I_{S2} = 5A$，$R_1 = 8\Omega$，$R_2 = 6\Omega$，$R = 6\Omega$，$R_L = 9\Omega$。用电源等效变换法求电流 I。

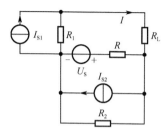

图 2-24 习题（1）电路图

（2）在如图 2-25 所示的电路中，用电源等效变换法求各图中标出的电压 U 和电流 I。

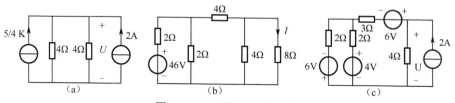

图 2-25 习题（2）电路图

（3）在如图 2-26 所示的电路中，$U_S = 10V$，$I_S = 6A$，$R_1 = 5\Omega$，$R_2 = 3\Omega$，$R_3 = 5\Omega$，用支路电流法求 R_3 中的电流 I。

（4）在如图 2-27 所示的电路中，已知 $U_{S1} = 9V$，$U_{S2} = 4V$，电源内阻不计，电阻 $R_1 = 1\Omega$，$R_2 = 2\Omega$，$R_3 = 3\Omega$。用支路电流法求各支路的电流。

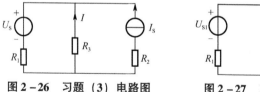

图 2-26 习题（3）电路图　　图 2-27 习题（4）电路图

(5) 列出图 2-28 (a) (b) 所示电路中的节点电压方程。

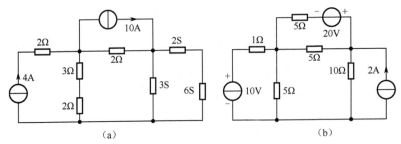

图 2-28 习题 (5) 电路图

(6) 在如图 2-29 所示的电路中，用节点法求出 I，并求电源电流 I_S。

(7) 用节点电压法求如图 2-30 所示电路中的各支路电流。

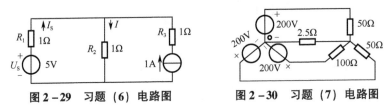

图 2-29 习题 (6) 电路图　　　图 2-30 习题 (7) 电路图

(8) 用叠加定理求如图 2-31 所示电路中的电压 U_{ab}。

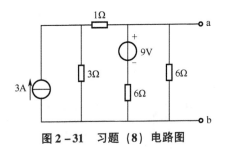

图 2-31 习题 (8) 电路图

(9) 在如图 2-32 所示电路中，求其戴维南等效电路。

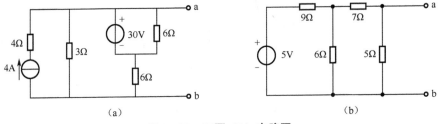

图 2-32 习题 (9) 电路图

项目三

室内照明电路设计与安装

任务一 交流电压表、交流电流表的使用

知识链接一 电工测量的基本知识

一、电工测量的概念及方法

1. 电工测量的概念

测量：指人们用实验的方法，借助于一定的仪器或设备，将被测量与同性质的单位标准量进行比较，并确定被测量对标准量的倍数，从而获得被测量定量信息的方法。通常测量结果的量值由两部分组成：数值（大小及符号）和相应的单位名称。

测量过程包括：比较、示差、平衡和读数。

电工测量：指借助于测量设备，将被测量的电量与作为测量单位的同类标准进行比较，从而确定被测电量的过程。电工测量的关键是测量方法的选择、数据的分析和处理以及测量设备的选用。

2. 电工测量的方法

直接测量法（直读法），即用电工仪表直接测出被测量大小的方法，所用的仪表称为直读式仪表。在测量过程中，度量器不直接参与作用，例如用电流表测量电流、用功率表测量功率等。直接测量法的特点是设备简单，操作简便，缺点是测量准确度不高。

比较测量法，即把被测量与"较量仪器"中的已知标准量进行比较从而确定未知量大小的方法。例如用电桥测电阻时，测量中作为标准量的标准电阻参与比较。比较测量法的特点是测量准确，灵敏度高，适用于精密测量，但测量操作过程比较麻烦，相应的测量仪器较贵。

还有一种测量方法是间接测量法，即根据被测量和其他量的函数关系，

先测得其他量,然后根据函数式把被测量计算出来的一种方法。

综上所述,直接测量法、比较测量法与间接测量法,彼此并不相同,但又互相交叉。在实际测量中采用哪种测量方法,应根据对被测量测量的准确度要求以及实验条件是否具备等多种因素具体而定。如测量电阻时,当对测量准确度要求不高时,可以用万用表直接测量或用伏安法间接测量,它们都属于直读法;但当对测量准确度要求较高时,则可用电桥法进行直接测量,它属于比较测量法。

二、测量误差及分类

1. 测量误差的定义

不论采用什么测量方法,也不论怎样进行测量,测量的结果与被测量的实际数值总存在着差别。我们把这种差别,也就是测量结果与被测量真值之差称为测量误差。

2. 测量误差的表示

1) 测量误差的基本概念

误差公理:一切测量都具有误差,误差自始至终存在于所有的科学实验之中。

客观真值:被测量本身所具有的真正值称为真值,例如三角形内角之和等于180°。

约定真值:由国家设立各种尽可能维持不变的实物标准(或基准),以法令的形式指定其所体现的量值作为计量单位的约定值,例如水的沸点为100℃。

指示值:由测量器具指示的被测量值称为测量器具的指示值。

标称值:计量或测量器具上标注的量值。

测量误差:测量值与真值之间的差值。

测量误差的来源:工具误差、环境误差、方法误差、人员误差。

2) 误差的表示方法

误差的表示方法可分为绝对误差、相对误差、引用误差三类。

(1) 绝对误差:被测量的测量值与其实际值之差,用 ΔA 表示,即

$$\Delta A = A_x - A_0 \quad (3-1)$$

式中,ΔA——测量结果的绝对误差,是具有大小、正负和量纲的数值;

A_x——指示值;

A_0——被测量的真值(实际值),通常用标准表的指示值代替。

被测量的真值可表示为:

$$A_0 = A_x - \Delta A = A_x + c \tag{3-2}$$

在实际测量中，除了绝对误差外，还经常用到修正值的概念，修正值 c 是与绝对误差 ΔA 大小相等，方向相反的量：

$$c = -\Delta A = A_0 - A_x \tag{3-3}$$

知道了测量值和修正值 c，由式（3-3）就可求出被测量的实际值 A_0。

绝对误差的表示方法只能表示测量的近似程度，不能确切地反映测量的准确程度。绝对误差越小，说明指示值越接近真值，测量越准确。

例 3-1 某电流表的量程为 1mA，通过检定知其修正值为 -0.02mA。当用该电流表测量某一电流时，示值为 0.78mA。问被测电流的实际值和测量中存在的绝对误差各为多少？

解：被测电流的实际值：

$$A_0 = A_x + c = 0.78 - 0.02 = 0.76 \text{（mA）}$$

绝对误差：

$$\Delta A = A_x - A_0 = 0.78 - 0.76 = 0.02 \text{（mA）}$$

假设你分别在三家商店购买 100kg 大米、10kg 苹果、1kg 巧克力，发现均缺少约 0.5kg，那么你对哪个商店的意见最大，为什么？

（2）相对误差：指测量的绝对误差与被测量（约定）真值之比（用百分数表示）。其中分子为绝对误差，根据分母所采用的量值不同（真值 A_0、示值 A_x 等），相对误差又可分为相对真误差 γ_0 和示值相对误差 γ_x，即

$$\gamma_0 = \frac{\Delta A}{A_0} \times 100\% = \frac{A_x - A_0}{A_0} \times 100\% \tag{3-4}$$

$$\gamma_x = \frac{\Delta A}{A_x} \times 100\% = \frac{A_x - A_0}{A_x} \times 100\% \tag{3-5}$$

相对误差是一个比值，其数值与被测量所取的单位无关，它能反映误差的大小和方向，能确切地反映测量的准确程度。因此，在测量过程中，要衡量测量结果的误差或评价测量结果的准确程度时，一般都用相对误差来表示。

相对误差虽然可以较准确的反映测量的准确程度，但如果用来表示仪表的准确度时，效果就不太好了。因为同一仪表的绝对误差在刻度范围内变化不大，这样就使得仪表标度尺的各个不同部位的相对误差不是一个常数。但如果采用仪表的量程 A_m 作为分母就解决了上述问题。

（3）引用误差：指测量指示仪表的绝对误差与其量程之比，用百分数表示。引用误差等于绝对误差与仪表量程的比值，即

$$\gamma_n = \frac{\Delta A}{A_m} \times 100\% = \frac{A_x - A_0}{A_{max} - A_{min}} \times 100\% \tag{3-6}$$

在实际测量中，由于仪表各标度尺的位置只是指绝对误差的大小，且符

号不完全相等，所以若取仪表表示标度尺工作部分所出现的最大绝对误差作为式（3-6）中的分子，则可得到最大引用误差，用 γ_{nm} 表示。

$$\gamma_{nm} = \frac{\Delta A_m}{A_{max} - A_{min}} \times 100\% \quad (3-7)$$

最大引用误差常用来表示电测量指示仪表的准确度等级，它们之间的关系是：

$$\gamma_{nm} = \frac{\Delta A_m}{A_m} \times 100\% \leqslant s \quad (3-8)$$

式中，s 表示仪表准确度等级的指数。

根据 GB 7676.2—1987《直接作用模拟指示电测量仪表及其附件》的规定，电流表和电压表的准确度等级 s 及基本误差如表 3-1 所示。仪表的基本误差在标度尺工作部分的所有分度线上不应超过表 3-1 中的规定。

表 3-1 电流表和电压表的准确度等级及基本误差

准确度等级 s	0.05	0.1	0.2	0.3	0.5	1.0	1.5	2.0	2.5	5.0
基本误差/%	±0.05	±0.1	±0.2	±0.3	±0.5	±1.0	±1.5	±2.0	±2.5	±5.0

由表可知，当准确度等级的数值越小时，允许的基本误差越小，表示仪表的准确度越高。

在应用指示仪表进行测量时，产生的最大绝对误差为：

$$\Delta A_m \leqslant \pm A_m \times s \quad (3-9)$$

当用指示仪表测量被测量的示值为 A_x 时，可能产生的最大示值相对误差为：

$$\gamma_m = \frac{\Delta A_m}{A_x} \times 100\% \leqslant \pm s \times \frac{A_m}{A_x} \times 100\% \quad (3-10)$$

因此，根据仪表准确度等级和测量示值，可计算直接测量中最大示值的相对误差。当被测量的量值越接近仪表的量程时，测量的误差越小。因此，测量时应使被测量的量值尽可能在仪表量程的 2/3 以上。

例 3-2 某 1.5 级电压表，量程为 300V，当测量值分别为 60V、150V、200V 时，试求这些测量值的最大绝对误差和示值相对误差。

解：最大绝对误差为：

$$\Delta U_m = \pm 300 \times 1.0\% = \pm 3 \text{（V）}$$

示值相对误差为：

$$\gamma_{u1} = \pm \left(\frac{\Delta U_m}{U_1}\right) \times 100\% = \pm \frac{3}{60} \times 100\% = \pm 5\%$$

$$\gamma_{u2} = \pm \left(\frac{\Delta U_m}{U_2}\right) \times 100\% = \pm \frac{3}{150} \times 100\% = \pm 2\%$$

$$\gamma_{u3} = \pm \left(\frac{\Delta U_{m}}{U_{3}}\right) \times 100\% = \pm \frac{3}{200} \times 100\% = \pm 1.5\%$$

3. 测量误差的分类

根据误差的性质，测量误差可分为系统误差、随机误差、粗大误差。

1) 系统误差

系统误差是指在同一条件下，多次测量同一量值时，误差的大小和符号均保持不变，或者当条件改变时，按某一确定的已知规律（确定函数）变化的误差。

系统误差包括已定系统误差和未定系统误差。已定系统误差是指符号和绝对值已经确定的系统误差。例如，用电流表测量某电流，示值为5A，若该示值的修正值为+0.01A，而在测量过程中由于某种原因对测量结果未加修正，则会产生-0.01A的已定系统误差。未定系统误差是指符号或绝对值未经确定的系统误差。例如，用一只已知其准确度等级 s 及量程 U_m 的电压表去测量某一电压 U_x，则可按式（3-7）估计测量结果的最大相对误差 γ_{nm}，因为这时只估计了误差的上限和下限，并不知道测量电压误差确切的大小及符号。因此，这种误差称为未定系统误差。

系统误差产生的原因包括测量仪器、仪表不准确，环境因素的影响，测量方法或依据的理论不完善及测量人员的不良习惯或感官不完善等。系统误差反映了测量值偏离真值的程度。凡误差的数值固定或按一定规律变化的误差，均属于系统误差。它可以通过实验的方法或引入修正值的方法来计算修正，也可以通过重新调整测量仪表的有关部件来予以消除。

2) 随机误差

随机误差是指在同一量的多次测量中，以不同预知方式变化的测量误差的分量，它反映了测量值离散性的大小。随机误差是在测量过程中，由许多独立的、微小的、偶然的因素引起的综合结果。在随机误差的测量结果中，虽然单个测量值误差的出现是随机的，它们既不能用实验的方法消除，也不能修正，但是就误差的整体而言，多数随机误差都服从正态分布规律。

随机误差的特点。

(1) 有界性：在一定的测量条件下，误差的绝对值不会超过一定的界限。
(2) 单峰性：绝对值小的误差出现的概率一致。
(3) 对称性：绝对值相等的正负误差出现的概率一致。
(4) 抵偿性：将全部误差相加时，具有相互抵消的特性。

在精密测量中，一般采用取多次测量值的算术平均值的方法来消除随机误差。

3)粗大误差

粗大误差是指明显超出了规定条件下预期的误差。粗大误差产生的原因包括测量人员的粗心大意及电子测量仪器有缺陷、计量器具使用不正确或受到突然而强大的干扰,如测错、读错、记错、外界过电压尖峰干扰等造成的误差。

由于粗大误差明显超过了正常条件下的误差,所以当发现粗大误差时,应予以剔除。

典型任务实施——电路基本参数的测量

一、实施目标

(1)观察了解电流表、电压表、指针和数字式万用表的结构,并练习使用电流表、电压表、万用表测量各种直流电路参数;

(2)掌握简单电路的连接技能,培养初步的实验操作技能,并学会用实验数据探究电路的规律。

二、实施器材

(1)电流表　1块/组;

(2)电压表　1块/组;

(3)电阻　若干/组;

(4)电源、开关等　1套/组;

(5)电工实验台　1台/组。

三、实施原理

电压、电流和功率是表征电信号能量大小的三个基本参数,它们都可以用直读仪表直接(指针式或数字式)来测量。测量直流量通常采用磁电式仪表,测量交流量主要采用电磁式仪表,但比较精密的测量则使用电动式仪表。

当测量电流时,电流表应与负载串联,且仪表内阻 R_A 应远小于负载阻抗,否则仪表的串入将改变被测支路的电流值;当测量电压时,电压表应与负载并联,且仪表内阻 R_V 应远大于负载阻抗。所以,用这种方法测量电压、电流的误差主要取决于仪表的准确度等级以及仪表内阻,其误差范围通常为 0.1%~2.5%,但只有个别的数字式电压表,其测量电压的误差可以降到 0.1% 以下。

直流功率 $P=UI$,即 P 为电压 U 和电流 I 的乘积,所以可采用电压表与电流表来间接测量直流功率,接线如图 3-1 (a) (b) 所示,测量电路不同,其结果也有所差别。由于电流表内阻上的压降很小,所以一般情况下采用如图 3-1 (a) 所示的接法。但在低压大电流的特殊场合,如果电流表上的压降比较显著,则可以采用如图 3-1 (b) 所示的接法。

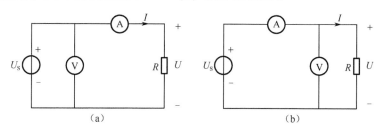

图 3-1 测量电路

(a) 电流表压降较小;(b) 电流表压降较大

四、实施内容与步骤

1. 直流电流表与电压表使用训练

(1) 分别取不同的电阻值,按图 3-1 所示接好电路,在保证接线正确无误后接通电源,然后保持电源电压不变,读取电压表和电流表的测量数据,并填入表 3-2 中。

表 3-2 实验数据及分析

U_S 值不变/V	R 值变化/Ω	电流表读数 I/A	电压表读数 U/V	分析 U、I、R 大小关联变化趋势
$U_S =$	$R_1 =$			
	$R_2 =$			
	$R_3 =$			

所以直流电路功率 $P =$

结论:

(2) 保持电阻值不变,按图 3-1 所示接好电路,在保证接线正确无误后接通电源,然后分别取不同的电源电压值,读取电压表、电流表的测量数据,并填入表 3-3 中。

表 3-3 实验数据及分析

R 值不变/Ω	U_S值变化/V	电流表读数 I/A	电压表读数 U/V	分析 U、I、R 大小关联变化趋势
$R =$	$U_{S1} =$			
	$U_{S2} =$			
	$U_{S3} =$			

所以直流电路功率 $P =$
结论：

2. 万用表使用训练

1) 500 型指针万用表的使用

(1) 直流电压的测量：将万用表的一个转换开关置于交、直流电压挡，另一个转换开关置于直流电压的合适量程上，且"＋"表笔（红表笔）接到高电位处，"－"表笔（黑表笔）接到低电位处，即让电流从"＋"表笔流入，从"－"表笔流出。若表笔接反，则表头指针会反方向偏转，容易撞弯指针。

(2) 直流电流的测量：测量直流电流时，将万用表的一个转换开关置于直流电流挡，另一个转换开关置于 $50\mu A$ 到 $500mA$ 的合适量程上，电流的量程选择和读数方法与电压一样。测量时必须先断开电路，然后按照电流从"＋"到"－"的方向，将万用表串联到被测电路中，即电流从红表笔流入，从黑表笔流出。如果误将万用表与负载并联，因表头的内阻很小，则会造成短路从而烧毁仪表。其读数方法为：实际值＝指示值×量程/满偏。

(3) 电阻的测量：用万用表测量电阻时，应按下列方法操作。

①选择合适的倍率挡。由于万用表欧姆挡的刻度线是不均匀的，所以倍率挡的选择应使指针停留在刻度线较稀的部分为宜，且指针越接近刻度尺的中间，读数越准确。一般情况下，应使指针指在刻度尺的 1/3 ~ 2/3 间。

②欧姆调零。在测量电阻之前，应将 2 个表笔短接，同时调节"欧姆（电气）调零旋钮"，使指针刚好指在欧姆刻度线右边的零位。如果指针不能调到零位，则说明电池电压不足或仪表内部有问题。并且每换一次倍率挡，都要再次进行欧姆调零，以保证测量准确。

③读数。表头的读数乘以倍率，就是所测电阻的电阻值。

测量电阻时的注意事项如下：

(1) 在测电流、电压时，不能带电换量程；

(2) 选择量程时，要先选大的，后选小的，并尽量使被测值接近于量程；

(3) 测电阻时，不能带电测量。因为测量电阻时，万用表由内部电池供电，如果带电测量则相当于接入一个额外的电源，可能损坏表头；

(4) 万用表用完后，应使转换开关在交流电压的最大挡位或空挡上。

2) VC9802 数字式万用表的使用

(1) 直流电压的测量：根据需要将量程开关拨至 DCV（直流）的合适量程，红表笔插入 V/Ω 孔，黑表笔插入 COM 孔，并将表笔与被测线路并联，然后读数即可显示。

（2）直流电流的测量：将量程开关拨至 DCA（直流）的合适量程，红表笔插入 mA 孔（<200mA 时）或 10A 孔（>200mA 时），黑表笔插入 COM 孔，并将万用表串联在被测电路中。在测量直流量时，数字式万用表能自动显示极性。

（3）电阻的测量：将量程开关拨至 Ω 的合适量程，红表笔插入 V/Ω 孔，黑表笔插入 COM 孔。如果被测电阻值超出所选择量程的最大值，万用表将显示"1"，这时应选择更高的量程。测量电阻时，红表笔为正极，黑表笔为负极，这与指针式万用表正好相反。

知识链接二 兆欧表、功率表和电度表的使用方法

一、兆欧表

兆欧表又称为摇表，是一种测量电气设备及电路绝缘电阻的仪表。

1. 兆欧表的结构与工作原理

兆欧表有机电式（指针式）兆欧表和数字式兆欧表两类。因机电式兆欧表使用较为广泛，所以这里主要介绍机电式兆欧表。如图 3-2 所示分别是这两类兆欧表的外形。

(a)　　　　　　　　　　　(b)

图 3-2　兆欧表的外形图

(a) 机电式兆欧表；(b) 数字式兆欧表

机电式兆欧表主要由作为电源的手摇发电机（有的用交流发电机加整流器）、作为测量机构的磁电式流比计和三个接线柱（L：线路端；E：接地端；G：屏蔽端）三个部分组成。在测量时，摇动手柄，发电机向磁电式流比计的两个线圈及被测电阻输出电流，可动线圈在电磁转矩的作用下带动指针偏转，从而指示出被测电阻的阻值。指针的偏转角度只与两个线圈中流过的电流的

比值有关，而与电源电压无关。测量过程实际上是给被测物加上直流电压，测量其通过的泄漏电流，在表的盘面上读到的是经过换算的绝缘电阻值。机电式兆欧表的工作原理示意图如图 3-3 所示。

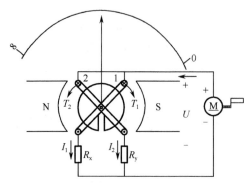

图 3-3 机电式兆欧表的工作原理示意图

数字式兆欧表由高压发生器、测量桥路和自动量程切换显示电路三部分组成，具有读数清晰直观、测量范围宽、分辨率高、输出电压稳定、使用寿命长、体积小、重量轻、便于携带、测量的准确度高、附加功能优越等优点。

2. 兆欧表的使用

1）兆欧表的选用

常用规格包括：250V、500V、1 000V、2 500V 和 5 000V，测量范围包括 0～200MΩ、0～500MΩ、0～1 000MΩ、0～2 000MΩ 等几种。

选用兆欧表时，主要从输出电压及测量范围这两个方面进行考虑。高压设备和电路应选用电压高的兆欧表，低压设备和电路应选用电压低的兆欧表。表 3-4 所示列出了兆欧表的额定电压和量程选择参数。

表 3-4 兆欧表的额定电压和量程选择参数

被测对象	设备的额定电压/V	兆欧表的额定电压/V	兆欧表的量程/MΩ
线圈绝缘电阻	500 以下	500	0～200
变压器和电动机线圈的绝缘电阻	500 以上	1 000～2 500	0～200
发电机线圈的绝缘电阻	500 以下	1 000	0～200
低压电气设备的绝缘电阻	500 以下	500～1 000	0～200
高压电气设备的绝缘电阻	500 以上	2 500	0～2 000
瓷瓶、高压电缆、闸刀	—	2 500～5 000	0～2 000

2）兆欧表的使用方法

（1）使用前应首先检查兆欧表是否能正常工作，可分两步进行。

①空摇兆欧表，指针应指到 ∞ 。

②慢慢摇动手柄，使 L 和 E 瞬时短接，此时指针应迅速指零，然后切断被测电路或设备的电源，对被测电路或设备放电。

(2) 测量过程。

①将兆欧表置于平衡牢固的地方。

②正确接线。

③测量时摇动手柄的转速要均匀，一般规定为 120r/min，误差不应超过 ±25%。摇动 1min 指针稳定后再读数，若测量中发现指针指零，应立即停止摇动。

接线柱："E"（接地）、"L"（线路）和 "G"（保护环或称屏蔽端子）。保护环的作用是消除表壳表面 "L" 和 "E" 接线柱间的漏电和被测绝缘物表面漏电的影响。

测线路的绝缘电阻："L" 接待测部位，"E" 接设备外壳，如图 3-4 所示。

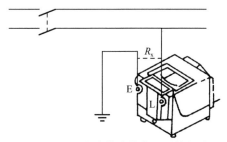

图 3-4 测线路的绝缘电阻时的接线

测电动机的绝缘电阻："L" 接待测绕组，"E" 接电动机外壳。若测两绕组间的绝缘电阻，两接线端分别接两绕组接线端，如图 3-5 所示。

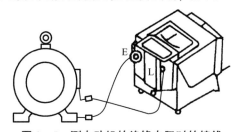

图 3-5 测电动机的绝缘电阻时的接线

测电缆的绝缘电阻："L" 接线芯，"E" 接外壳，"G" 接线芯与外壳间的绝缘层，如图 3-6 所示。

3) 使用注意事项

(1) 测量完毕后，应对被测设备或电路充分放电。

(2) 禁止在雷电时或附近有高压导体的设备上测量绝缘电阻，只有在设备不带电又不可能受到其他电源感应而带电时,才能对电阻进行测量。

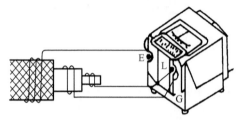

图3-6 测电缆的绝缘电阻时的接线

(3) 兆欧表摇动时和未停止转动及被测设备未放电之前,不可用手去触及设备的测量部分或摇表接线柱,以防触电。拆线时,也不要触及引线的金属部分。

(4) 定期对兆欧表进行校验。

二、功率表

功率表主要用于测量直流电路和交流电路的功率,所以又称电力表或瓦特表(外形见图3-7)。在交流电路中,由于测量电流的相位不同,所以功率表又分为单相功率表和三相功率表。

图3-7 功率表的外形图

1. 功率表的结构

由于功率由电路中的电压和电流决定,因此用来测量功率的仪表有两个线圈,分别是电压线圈和电流线圈。

功率表大多采用电动式仪表的测量机构,若它的固定线圈导线较粗,匝数较少,则称为电流线圈;若它的可动线圈导线较细,匝数较多,并串有一定的附加电阻,则称为电压线圈。

电流线圈上标有"*"的一端应接电源,另一端接负载。电压线圈上标有"*"的电压端钮可以接至电流线圈的任一端,电压线圈的另一端则跨接至负载,即电压线圈的"*"端有前接和后接之分,如图3-8所示。

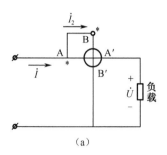 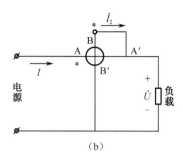

图 3-8 功率表的接线

(a) 电压线圈前接；(b) 电压线圈后接

2. 直流功率和单相交流功率的测量

直流功率可以通过电压表和电流表的间接测量求得，但也可用功率表直接测量。接线方法同上，电流线圈应与负载串联，电压线圈（包括附加电阻）应与负载并联。特别要注意的是，应把电流线圈和电压线圈的始端标记"＊"接于电源的同一侧，使通过这两个基本点接线端电流的参考方向同为流进或流出，否则指针将反转。

功率表的电压线圈和电流线圈均各有几个量程。改变电压表量程的方法和伏特计一样，即通过改变分压器的串联电阻值来扩大量程。电压线圈一般有两个或三个量程，而电流线圈常常是由两个相同的线圈组成的，所以当两个线圈并联时，电流量程要比串联时扩大一倍。因电流线圈有两个量程，所以在使用瓦特表测量功率时，既要根据被测电压的大小选择瓦特表的电压量程，又要根据被测电流的大小选择电流量程（即电流线圈串联或并联）。由于功率表是多量程的，所以它的标度尺只标有分格数。在选用不同的电流量程和电压量程时，每一分格代表不同的瓦特数。因此，在使用功率表时，要注意被测量的实际值与指针读数之间的换算关系。

假定在测量时，功率表的指针读数为 α 格，则被测功率的数值应为：

$$P = C \cdot \alpha$$

式中，C 为功率表的分格常数，单位为瓦/格。

$$C = \frac{V_N I_N}{\alpha_N}$$

式中，α_N——功率表标度尺满刻度的格数；

V_N——所使用的电压线圈的额定值（标注在电压线圈的接线端钮旁边）；

I_N——所使用的电流线圈的额定值。标注在表盖上，而在表盖上有四个电流接线钮，所以可通过用两片金属连接片串联或并联来改变电流的额定值。

单相交流功率测量时的接线和读数方法与直流功率的测量完全相同。

例3-3 某功率表的满刻度格数为1 250，现选用电压为250V、电流为10A的量程，读得指针偏转的刻度值为400，求被测功率为多少？

解：功率表的分格系数为 $C = \dfrac{V_N I_N}{\alpha_N} = \dfrac{250 \times 10}{1\ 250} = 2$（W/格）

所以被测功率 $P = C \cdot \alpha = 2 \times 400\text{W} = 800$（W）。

3. 三相电路功率的测量

1) 用三只单相功率表测三相四线制电路的功率

在不对称的三相四线制电路中，可用三只单相功率表测三相四线制电路的功率。用三只单相功率表测三相四线制电路功率的接线图如图3-9所示。

这时电路的总功率为三只功率表读数之和：

$$P = P_1 + P_2 + P_3$$

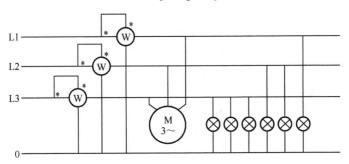

图3-9 用三只单相功率表测三相四线制电路功率的接线图

2) 用两只单相功率表测三相三线制电路的功率

用两只单相功率表测三相三线制电路功率的接线图如图3-10所示。

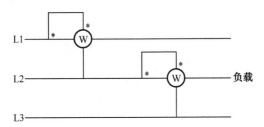

图3-10 用两只单相功率表测三相三线制电路功率的接线图

3) 用一只单相功率表测三相电路的功率

在对称的三相交流电路中，可用一只单相功率表测出其中一相的功率，再乘以3就能得到三相电路的总功率。

4）用一只三相功率表测三相电路的功率

一只三相功率表相当于两只单相功率表的组合，它有两个电流线圈和两个电压线圈，其内部接线与两只单相功率表测三相三线制电路功率的接线相同。其接线如图 3 – 11 所示。

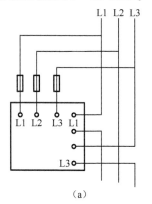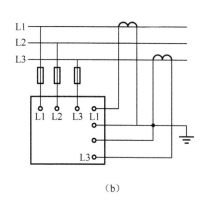

图 3 – 11　一只三相功率表测三相电路的功率

（a）直接式接线；（b）互感式接线

4. 功率表使用注意事项

当选用功率表时，应注意功率表的电流量程应大于被测电路的最大工作电流，电压量程也应大于被测电路的最高工作电压。

功率表的表盘刻度只标明分格数，往往不标明瓦特数。不同电流量程和电压量程的功率表，每个分格所代表的瓦数不一样，在测量时，应将指针所示分格数乘上分格常数，才能得到被测电路的实际功率。

三、电度表

1. 单相电度表

1）单相电度表的结构

单相电度表由测量机构和辅助组件两大部分组成，如图 3 – 12 所示。其中测量机构是单相电度表的核心部分，它包括以下五部分。

（1）驱动部分：也称为驱动组件，它由电压组件和电流组件组成。其作用是产生驱动磁场，并与圆盘相互作用产生驱动力矩，从而使电度表的转动部分做旋转运动。

（2）转动部分：它由铝制圆盘和转轴组成，并配以支撑转动的轴承。轴承分为上、下两部分，上轴承主要起导向作用，下轴承主要用来承担转动部分的全部重量。它是影响电度表准确度及使用寿命的主要部件，因此对其质量要求较高。感应式长寿命技术电度表一般采用没有直接摩擦的磁力轴承。

(3) 制动磁钢：它由永久磁铁和磁轭组成，其作用可表现在两个方面。一方面是在铝制圆盘转动时产生制动力矩使其匀速旋转；另一方面是使转速与负荷的大小成正比。

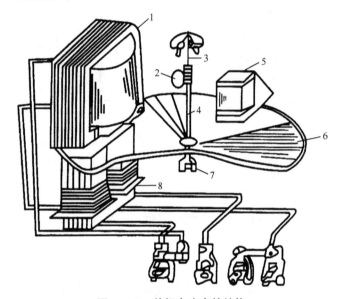

图3-12 单相电度表的结构
1—电压组件；2—计度器；3—上轴承；4—转轴；
5—制动磁钢；6—铝制圆盘；7—下轴承；8—电流组件

(4) 计度器：蜗轮通过减速轮、字码轮把电度表铝制圆盘的转数变成与电能量相对应的指示值，其显示单位就是电度表的计量单位，有功电度表的计量单位是 kW·h，无功电度表的计量单位是 kVar·h。

(5) 辅助部件：它包括基架、底座、表盖、端钮盒和铭牌等。

2) 单相电度表的接线方法

(1) 单相有功电度表的跳入式接线。单相有功电度表的跳入式接线如图3-13 (a) 所示。接线特点：电度表的1、3号端子为电源进线；2、4号端子为电源的出线，并且与开关、熔断器和负载连接。

(2) 单相有功电度表的顺入式接线。单相有功电度表的顺入式接线如图3-13 (b) 所示。接线特点：电度表的1、2号端子为电源进线；3、4号端子为电源的出线，并且与开关、熔断器和负载连接。

项目三 室内照明电路设计与安装

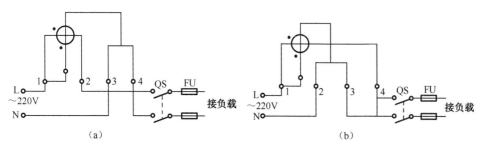

图 3-13 单相电度表的接线

(a) 跳入式接线；(b) 顺入式接线

2. 三相电度表

1）三相电度表的结构

三相电度表是按两表法测功率的原理，采用两只单相电度表组合而成的，其结构如图 3-14 所示。

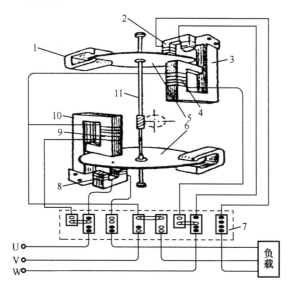

图 3-14 三相电度表的结构

1—永久磁铁；2—电压线圈；3—W 相元件；4—电流线圈；5、6—铝盘；
7—接线端子；8—电流线圈；9—电压线圈；10—U 相元件；11—转轴

2）三相电度表的接线方法

对于直接式三相三线制电度表，从左至右共有 8 个接线桩，1、4、6 接进线，3、5、8 接出线，2、7 可空着。对于直接式三相四线制电度表，从左至右共有 11 个接线桩，1、4、7 为 A、B、C 三相进线，10 为中性线进线，3、6、9 为三根相线出线，11 为中性线出线，2、5、8 可空着。但对于大负荷电路，必须采用间接式三相电度表，接线时需配 2~3 个同规格的电流互感器。

3) 三相电度表的安装

三相电度表可分别用于三相三线制电路电能测量的三相二元件电度表和用于三相四线制电路电能测量的三相三元件电度表，如图 3-15 所示。

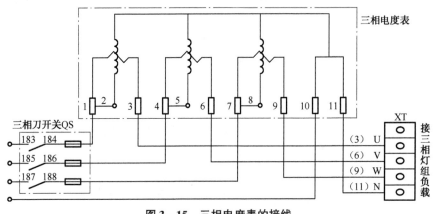

图 3-15　三相电度表的接线

练习与思考

(1) 使用直流电流表测量电流时，有哪些注意事项？

(2) 使用直流电压表测量电压时，有哪些注意事项？

(3) 使用万用表时，有哪些注意事项？

任务二　日光灯照明电路的设计与安装

知识链接　正弦交流电的特征及表示方法

一、交流电路的概述

交流电与直流电的区别在于：直流电的方向和大小不随时间变化；交流电的方向和大小都随时间做周期性的变化，并且在一周期内的平均值为零。如图 3-16 所示为直流电和交流电的电流波形图。

大小和方向都随时间按正弦规律变化的交流电称为正弦交流电；正弦交流电的电压和电流等物理量，常统称为正弦量；频率、幅值和初相位称为确定正弦交流电的三要素。

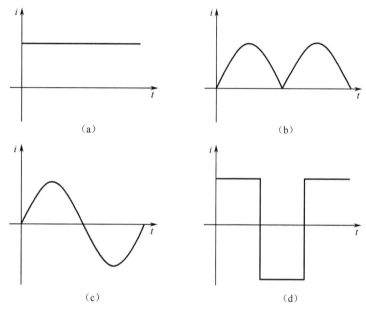

图3-16 直流电和交流电的电流波形图
(a) 稳恒直流电；(b) 脉动直流电；(c) 正弦交流电；(d) 交流方波

二、正弦交流电的三要素

以电流为例介绍正弦量的基本特征，依据正弦量的概念，设某支路中的正弦电流 i 在选定参考方向下的瞬时值表达式为：

$$i = I_m \sin(\omega t + \psi_i) \tag{3-11}$$

1. 瞬时值和最大值

把任意时刻正弦交流电的数值称为瞬时值，用小写字母表示，如 i、u 及 e 分别表示电流、电压及电动势的瞬时值。瞬时值有正、有负，也可能为零。

最大的瞬时值称为最大值（也叫幅值、峰值），用带下标的小写字母表示，如 I_m、U_m 及 E_m 分别表示电流、电压及电动势的最大值。

例 3-4 已知某交流电压 $u = 220\sqrt{2}\sin(\omega t + \psi_u)$（V），这个交流电压的最大值为多少？

解：最大值

$$U = 220\sqrt{2} = 311.1 \text{ (V)}$$

2. 频率与周期

正弦量变化一次所需的时间称为周期 T，它的单位是秒（s），如图 3-17 所示。每秒内变化的次数称为频率 f，它的单位是赫兹（Hz）。

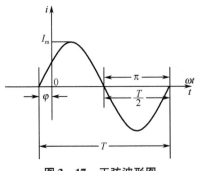

图 3-17 正弦波形图

频率是周期的倒数,即

$$f = \frac{1}{T} \tag{3-12}$$

在我国和大多数国家都采用 50Hz 作为电力的标准频率,习惯上称为工频。

角频率是指交流电在 1s 内变化的电角度。若交流电 1s 内变化了 f 次,则可得角频率与频率的关系式为:

$$\omega = \frac{2\pi}{T} = 2\pi f \tag{3-13}$$

例 3-5 已知某正弦交流电压为 $u = 311\sin 314t$（V）,求该电压的最大值、频率、角频率和周期各为多少？

解:
$$U_m = 311V \quad \omega = 314\text{rad/s}$$

$$f = \frac{\omega}{2\pi} = \frac{314}{2 \times 3.14} = 50 \text{（Hz）}$$

$$T = \frac{1}{f} = \frac{1}{50} = 0.02 \text{（s）}$$

3. 初相

$(\omega t + \psi)$ 称为正弦量的相位角或相位,它反映了正弦量变化的进程。$t = 0$ 时的相位角称为初相位角或初相位,规定初相位的绝对值不能超过 π。如图 3-18 所示,图中 u 和 i 的波形可表示为:

$$u = U_m \sin(\omega t + \psi_u)$$
$$i = I_m \sin(\omega t + \psi_i)$$

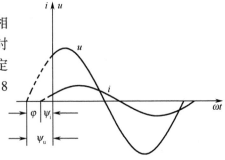

图 3-18 电压 u 和电流 i 的相位差

三、相位差

两个同频率正弦量的相位角之差或初相位角之差,称为相位差,用 φ 表示。

图 3 - 18 中的电压 u 和电流 i 的相位差为

$$\varphi = (\omega t + \psi_u) - (\omega t + \psi_i) = \psi_u - \psi_i \quad (3-14)$$

由于 $\psi_u > \psi_i$,则 u 较 i 先到达正的幅值。在相位上 u 比 i 超前 φ 角,或者说 i 比 u 滞后 φ 角。

初相相等的两个正弦量,它们的相位差为零,这样的两个正弦量叫作同相。同相的两个正弦量同时到达零值,同时到达最大值,步调一致,如图 3 - 19 中的 i_1 和 i_2。若两个正弦量在同一时刻到达零值,但同一时刻一个到达正向最大值,一个到达负向最大值,则这两个正弦量叫作反相,它们的相位差 φ 为 180°,如图 3 - 19 中的 i_1 和 i_3。

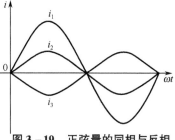

图 3 - 19 正弦量的同相与反相

上述关于相位关系的讨论,只是对同频率的正弦量而言。而两个不同频率的正弦量,其相位差不再是一个常数,而是随时间变化的,所以在这种情况下讨论它们的相位关系是没有任何意义的。

例 3 - 6 设 $i_1 = 50\cos(\omega t + 60°)$(A),$i_2 = 10\sin(\omega t + 30°)$(A),问哪个电流滞后,滞后多少度?

解:正弦量之间求相位差必须满足两个条件:一是同频率;二是同名函数。所以先将 i_1 变为正弦函数,再求相位差。

$i_1 = 50\cos(\omega t + 60°) = 50\sin(90° + \omega t + 60°) = 50\sin(\omega t + 150°)$ (A)

所以,i_1 与 i_2 的相位差为 $\varphi = \psi_{i1} - \psi_{i2} = 150° - 30° = 120° > 0$,所以 i_2 比 i_1 滞后 120°。

四、有效值

提问 我们日常使用的照明电是 220V,那么 220V 是交流电的最大值还是瞬时值,还是其他的值呢?

我们都知道,交流电的大小是变化的,若用最大值衡量它的大小显然夸大了它的作用,而随意用某个瞬时值表示又肯定是不准确的。那么如何用某个数值准确地描述交流电的大小呢?人们往往通过电流的热效应来确定。把一个交流电 i 与直流电 I 分别通过两个相同的电阻,如果在相同的时间内产生的热量相等，则这个直流电 I 的数值就叫作交流电 i 的有效值。有效值的表示方法与直流电相同，即用大写字母 U、I 分别表示交流电的电压与电流的有效值，但其本质与直流电不同。

直流电 I 通过电阻 R 在一个周期 T 内所产生的热量为：
$$Q = I^2 RT$$

交流电 i 通过电阻 R 在一个周期 T 内所产生的热量为：
$$Q = \int_0^T i^2 R dt$$

由于产生的热量相等，所以交流电流的有效值为：
$$I = \sqrt{\frac{2}{T} \int_0^T i^2 R dt} \tag{3-15}$$

将 $i = I_m \sin(\omega t + \psi_i)$ 代入上式并整理得：
$$I = \frac{I_m}{\sqrt{2}} = 0.707 I_m \tag{3-16}$$

同理可得：
$$U = \frac{U_m}{\sqrt{2}} = 0.707 U_m \tag{3-17}$$

式（3-16）和式（3-17）说明正弦量的有效值是最大值的 $\frac{1}{\sqrt{2}}$（≈0.707）倍。一般所讲的正弦电压或电流都指的是有效值，所以我们说照明电的 220V 是交流电的有效值，不是瞬时值，也不是最大值。同样，交流电气设备的铭牌上所标的电压、电流都是有效值。一般交流电压表、电流表的标尺也是按有效值刻度的。例如"220V、60W"的日光灯，是指它的额定电压的有效值为 220V。如不加说明，交流量的大小都指有效值。

例 3-7 已知某正弦电压在 $t = 0$ 时为 $110\sqrt{2}$V，初相角为 30°，求其有效值。

解：此正弦电压表达式为 $u = U_m \sin(\omega t + 30°)$

则
$$u(0) = U_m \sin 30°$$

$$U_m = \frac{u(0)}{\sin 30°} = \frac{110\sqrt{2}}{0.5} = 220\sqrt{2}(\text{V})$$

$$U = \frac{U_m}{\sqrt{2}} = \frac{220\sqrt{2}}{\sqrt{2}} = 220(\text{V})$$

五、正弦量的相量表示法

1. 复数及其表达式

1）复数的实部、虚部和模

$\sqrt{-1}$叫虚单位，数学上用 i 来代表它，但因为在电工中 i 代表电流，所以改用 j 代表虚单位，即 $j = \sqrt{-1}$。

如图 3-20 所示，有向线段 A 可用复数表示 $A = a + jb$。

由图 3-20 可见，$r = \sqrt{a^2+b^2}$，r 表示复数的大小，称为复数的模。有向线段与实轴正方向间的夹角，称为复数的幅角，用 φ 表示，规定幅角的绝对值小于180°。

2）复数的表达方式

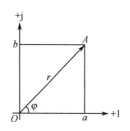

图 3-20 有向线段的复数表示

复数的直角坐标式：$A = a + jb = \cos\varphi + jr\sin\varphi$
$$= r(\cos\varphi + j\sin\varphi) \quad (3-18)$$

复数的指数式：$\quad A = re^{j\varphi} \quad (3-19)$

复数的极坐标式：$\quad A = r\angle\varphi \quad (3-20)$

实部相等、虚部大小相等而异号的两个复数叫作共轭复数。用 A^* 表示 A 的共轭复数，若有 $A = a + jb$，则 $A^* = a - jb$。

例 3-8 写出下列复数的直角坐标形式。

解：(1) $5\angle 48°$ （2）$1\angle 90°$ （3）$5.5\angle -90°$

(1) $5\angle 48° = 5\cos 48° + j5\sin 48° = 3.35 + j3.72$

(2) $1\angle 90° = \cos 90° + j\sin 90° = j$

(3) $5.5\angle -90° = 5.5\cos(-90°) + j5.5\sin(-90°) = -j5.5$

2. 复数的运算

1）复数的加减

当两个复数相加减时，可用直角坐标式进行计算。

如：
$$A_1 = a_1 + jb_1$$
$$A_2 = a_2 + jb_2$$

则

$$A_1 \pm A_2 = (a_1 + jb_1) \pm (a_2 + jb_2) = (a_1 \pm a_2) + j(b_1 \pm b_2) \quad (3-21)$$

即几个复数相加或相减就是把它们的实部和虚部分别相加减。

由于复数与复平面上的有向线段（矢量）相对应，所以复数的加减与表示复数的有向线段(矢量)的加减相对应,并且复平面上矢量的加减可用对应的复数相加减来计算,如图3-21所示。

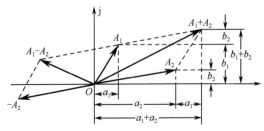

图3-21 矢量和与矢量差

2)复数的乘除

当两个复数进行乘除时,可将其化为指数式或极坐标式来进行计算。如:

$$A_1 = a_1 + jb_1 = r_1 \angle \varphi_1$$
$$A_2 = a_2 + jb_2 = r_2 \angle \varphi_2$$

$$\frac{A_1}{A_2} = \frac{r_1 \angle \varphi_1}{r_2 \angle \varphi_2} = \frac{r_1}{r_2} \angle (\varphi_1 - \varphi_2) \quad (3-22)$$

如将复数 $A_1 = re^{j\varphi}$ 乘以另一个复数 $e^{j\alpha}$,则得

$$A_2 = re^{j\varphi}e^{j\alpha} = e^{j(\varphi+\alpha)} \quad (3-23)$$

同理,如用 $e^{-j\alpha}$ 除以复数 $A_1 = re^{j\varphi}$,则得 $A_3 = re^{j(\varphi-\alpha)}$。

即使原矢量顺时针旋转了 α 角,也就是说矢量 A_3 比矢量 A_1 滞后了 α 角。所以当 $\alpha = 90°$ 时,则 $e^{\pm j90°} = \cos 90° \pm j\sin 90° = \pm j$,因此当任意一个相量乘上 +j 后,即表示逆时针(向前)旋转了 90°;当任意一个相量乘上 -j 后,即表示顺时针(向后)旋转了 90°。所以,j 称为旋转 90°的旋转因子。

3. 正弦量的相量表示法

一个正弦量可以表示为

$$u = U_m \sin(\omega t + \varphi)$$

则
$$\dot{U}_m = U_m(\cos\varphi + j\sin\varphi) = U_m e^{j\varphi} = U_m \angle \varphi$$

或
$$\dot{U} = U(\cos\varphi + j\sin\varphi) = Ue^{j\varphi} = U \angle \varphi \quad (3-24)$$

式中,$\dot{U}_m$——电压的幅值相量;

$\dot{U}$——电压的有效值相量。

为了与一般的复数相区别,我们把表示正弦量的复数称为相量,并在大写字母上方用"·"表示。按照正弦量的大小和相位关系用初始位置的有向线段画出的若干个相量的图形,称为相量图。表示正弦量的相量有两种形式:

相量图（见图3-22）和复数式（相量式）。

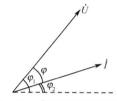

图3-22 电压和电流的相量图

例3-9 试写出表示 $u_A = 220\sqrt{2}\sin 314t(V)$，$u_B = 220\sqrt{2}\sin(314t - 120°)(V)$ 和 $u_C = 220\sqrt{2}\sin(314t + 120°)(V)$ 的相量，并画出相量图。

解：分别用有效值相量表示正弦电压 $\dot{U}_A$、$\dot{U}_B$ 和 $\dot{U}_C$，则

$$\dot{U}_A = 220\angle 0° = 220 \text{ (V)}$$

$$\dot{U}_B = 220\angle -120° = 220\left(-\frac{1}{2} - j\frac{\sqrt{3}}{2}\right) \text{ (V)}$$

$$\dot{U}_C = 220\angle 120° = 220\left(-\frac{1}{2} + j\frac{\sqrt{3}}{2}\right) \text{ (V)}$$

相量图如图3-23所示。

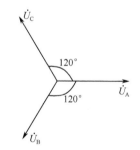

图2-23 例3-9的相量图

任务三 日光灯照明电路的故障排除

知识链接一 照明电路的基本知识

一、照明电路的符号

一般家庭照明电路都比较简单，其涉及的元件有空气开关、照明灯、开关、插座等。其图形符号和文字符号如图3-24所示。

空气开关可用来分配电能,不频繁地启动电动机,对供电线路及电动机等进行保护,当它们发生严重的过载或短路及欠压等故障时能自动切断电路,而且在分断故障电流后一般不需要更换零件,因而获得了广泛应用。低压断路器按用途分可分为配电(照明)、限流、灭磁、漏电保护等几种;按动作时间分可分为一般型和快速型;按结构分可分为框架式(万能式 DW 系列)和塑料外壳式(装置式 DZ 系列)。其图形符号如图 3-24(a)所示。

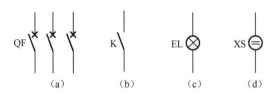

图 3-24 照明电路的图形符号
(a)空气开关;(b)开关;(c)照明灯;(d)插座

二、照明电路的原理图

照明电路的原理图并不是按元件的实际位置来绘制的,而是根据工作原理来绘制的。在原理图中,一般根据各个元件在电路中所起的作用,将其画在不同的位置上,而不受实物位置所限。有些不影响电路工作的元件,如插件、接线端子等,大多可略去不画。原理图中所表示的状态,除非特别说明外,一般是按未通电时的状态画出的。

以某房间照明电路的原理图(见图 3-25)为例,来说明在绘制电气原理图时,一般应遵循以下原则。

(1)图中各元件的图形符号和文字符号均应符合最新的国家标准。但当标准中给出几种形式时,选择图形符号应遵循以下原则:

①尽可能采用优选形式。

②在满足需要的前提下,尽量采用最简单的形式。

③在同一图号的图中应使用同一种形式的图形符号和文字符号。如果采用标准中未规定的图形符号和文字符号时,必须另外加以说明。

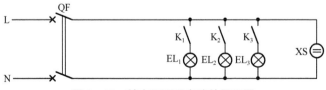

图 3-25 某房间照明电路的原理图

(2) 图中所有电气开关和触点的状态，均以线圈未通电、手柄置于零位、无外力作用或初始状态画出的。

(3) 图中的连接线、设备或元件的图形符号的轮廓线都应使用实线绘制。

三、照明电路的接线图

以某房间照明电路的接线图（见图 3-26）为例，来说明在绘制接线图时，一般应遵循以下原则：

(1) 接线图应表示出各元件的实际位置。

(2) 接线图中元件的图形符号和文字符号应与原理图一致，以便对照查找。

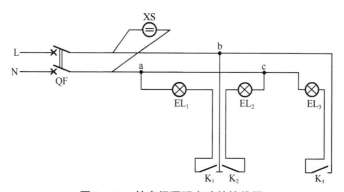

图 3-26　某房间照明电路的接线图

知识链接二　配电板的制作

一、配电板（箱）的作用和基本组成

1. 作用

配电板（箱）是一种连接在电源和多个用电设备之间的电气装置，主要起分配电能和控制、测量、保护用电电器的作用。

2. 基本组成

一般由进户总熔断器、电度表、电流互感器、控制开关、过载或短路保护电器等组成。另外，容量较大的配电板（箱）还装有隔离开关。

3. 分类

(1) 按用途分：有照明配电板（箱）和动力配电板（箱）。

(2) 按材质分：有木质配电板（箱）、铁质配电板（箱）和塑料配电板（箱）等。

(3) 按安装方式分：有明装配电板（箱）和暗装配电板（箱）。
(4) 按制造方式分：有自制配电板（箱）和成品配电板（箱）。

二、组成配电板（箱）的主要器件和作用

1. 交流电度表

(1) 作用：累计记录用户在一段时间内消耗电能的多少。

(2) 分类：按结构和工作原理可分为电气机械式电度表和电子数字式电度表；按测量的相数可分为单相电度表和三相电度表。

单相电度表的接法：串联在电路中，1、3 接进线，2、4 接出线或 1、2 接进线，3、4 接出线。

单相电度表的安装：一般装在配电盘的左方或上方，开关装在右方或下方；电度表在安装时必须与地面垂直。

三相电度表：主要用于动力配电线路中。

三相电度表的接法：三相四线制和三相三线制。

2. 闸刀开关

(1) 作用：控制电路接通或分断的手动低压开关。

(2) 分类：包括二极胶盖闸刀开关和三极胶盖闸刀开关两种，二极胶盖闸刀开关常应用在家用电路中，三极胶盖闸刀开关常应用在动力配电线路中。

闸刀开关的接法：开关底座上端的一对接线桩接电源进线，底座下端的一对接线桩通过熔断丝与动触头相连，接电源出线。

闸刀开关的安装：闸刀在安装时，手柄要朝上，不能倒装或平装。

3. 熔断器

熔断器在电路短路时能自动熔断并切断电路，从而对电路起到保护的作用。

熔断器的选用：根据熔丝的负载电流和电路的总电流大小来选用。

注意：装换熔丝时不能任意加粗，更不能用其他金属丝来代替。

熔断器的安装：

(1) 用于保护电器的熔断器应安装在总开关的后面；用于线路隔离的熔断器应安装在总开关的前面；

(2) 插入式熔断器和管式熔断器必须垂直于地面安装，不能横装或斜装；

(3) 当安装旋入式熔断器时，电源进线应与中心簧片接线桩相接，电源出线应与同螺口相连的接线桩相接。

4. 电流互感器

用于工作电流较大的电力系统中，起电流变换和电路隔离的作用。

5. 漏电保护器

用于防止因触电、漏电引起的人身伤亡事故,设备损坏及火灾的安全保护。

漏电保护器的分类:按动作原理分,可分为电压动作型和电流动作型;按内部结构分,可分为电磁式和电子式。

漏电保护器的选用:选用漏电保护器时,首先应使其额定电压和额定电流大于或等于线路的额定电压和负载工作电流,其次应使其脱扣器的额定电流大于或等于线路的负载工作电流。

三、配电板(箱)的制作与组装

1. 盘面板的组装

(1) 盘面板的作用:固定在配电板(箱)中,用于安装电气元件。

(2) 盘面板的组装。

①盘面板的制作:一般用铁皮制作,尺寸由板上安装的仪表和器件的多少及配电板(箱)的大小来决定(一般为成品)。

②电器排列:一般将仪表放在上方,各回路开关及熔断器相互对应。

③排列间距:按规定。

④盘面板的加工。

⑤电器的固定。

2. 盘面板的配线

(1) 导线的选择:根据仪表和电器的规格、容量及安装位置,按设计要求选取导线的截面和长度。

(2) 导线的敷设:有明敷和暗敷两种。

(3) 导线的连接。

3. 盘面板的安装要求

(1) 电源连接:垂直安装的开关或熔断器的上端接电源,下端接负载;横装的设备左侧接电源,右侧接负载。

(2) 接零母线。

(3) 相序分色:相线用黄色、绿色和红色,中性线用紫色,接地线用紫底黑色。

(4) 箱体制作。

(5) 配电板(箱)安装。

安装方式:有悬挂式、嵌墙式和落地式三种。

安装注意事项:

（1）挂墙式的配电板（箱）可采用膨胀螺栓固定在墙上，但空心砖或砌块墙上要预埋燕尾螺栓或采用对拉螺栓进行固定；

（2）安装配电板（箱）应预埋套箱，安装后面板应与墙面平行。

四、小型配电板（箱）的安装及要求

小型配电板（箱）按照电源引入，三相表、总开关、启动器、三相电动机的顺序进行安装，如图3-27所示。

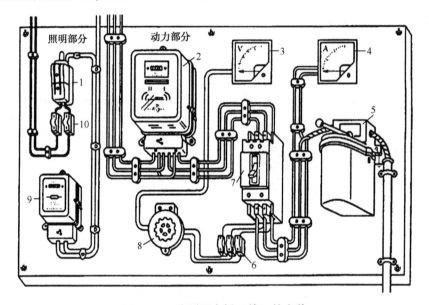

图3-27 小型配电板（箱）的安装

1—总开关；2—三相制电表；3—电压表；4—电流表；5—启动器；
6—保险盒；7—总开关；8—电压表接相开关；9—单相电能表；10—用户保险盒

1. 布线规则

（1）左零右相布线。

（2）灯头开关和螺口灯座的内触头均接相线。

（3）配电盘背面布线时应横平竖直，分布均匀，避免交叉，导线转角应圆成90°，圆角呈圆弧形自然过渡。

2. 元器件的摆放顺序

按电源相线流经的顺序，确定元器件的摆放顺序：三眼插头→单相电度表→单相闸刀→漏电保护器→保险丝盒→两眼插座→灯头开关→灯头座。

3. 外观要求

（1）元器件中仪表应放于上方，整体布局应均匀美观。

(2) 采用暗敷方式，正面放置元器件，反面统一布线。
(3) 与有垫圈的接线桩连接时，线头应弯成羊眼圈，大小略小于垫圈。
(4) 导线下料长短适中，裸露部分要少，线头应紧固到位。

典型任务实施——1 只单联开关控制 1 盏白炽灯电路的安装与故障排除

一、实施目标

(1) 掌握常用照明灯具、开关的安装原则和要求；
(2) 掌握常用照明灯具、开关的安装方法和步骤；
(3) 掌握白炽灯照明电路的安装方法及故障排除方法。

二、实施器材

(1) 自制木台　1 块/组；
(2) 单联开关　1 只/组；
(3) 白炽灯　1 盏/组；
(4) 电工工具　1 套/组；
(5) 导线　若干。

三、实施电路

1 只单联开关控制 1 盏白炽灯的电路如图 3-28 所示。

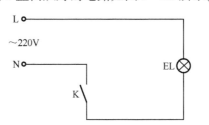

图 3-28　1 只单联开关控制 1 盏白炽灯的电路

四、实施内容与步骤

1. 1 只单联开关控制 1 盏白炽灯电路的安装
(1) 根据安装要求，准备好所需的材料；
(2) 按照布线工艺，定位后布线；
(3) 安装灯座；

（4）安装插座；

（5）按图3-28所示的电路图正确连接电路；

（6）接通电源，操作开关，观察白炽灯的工作情况。

2. 1只单联开关控制1盏白炽灯电路的故障排除

白炽灯的常见故障及其排除方法见表3-5。

表3-5 白炽灯的常见故障及其排除方法

常见故障	故障原因	排除方法
灯泡不亮	（1）电源进线无电压。 （2）灯座或开关接触不良。 （3）灯丝断裂。 （4）线路断路	（1）检查是否停电，若停电，则查找系统线路停电的原因，并处理。 （2）检修或更换灯座、开关。 （3）更换灯泡。 （4）修复线路
灯泡强烈发光后瞬时烧坏	（1）电源电压过高。 （2）灯丝局部短路。 （3）灯泡额定电压低于电源电压	（1）调整电源电压。 （2）更换灯泡。 （3）换用额定电压与电源电压一致的灯泡
灯光时亮时灭	（1）灯座或开关接触不良，导线接线松动或表面氧化。 （2）电源电压忽高忽低或由于附近有大容量负载经常启动。 （3）熔丝接触不良。 （4）灯丝烧断，但受振后忽接忽离	（1）修复松动的触头或接线，清除导线的氧化层后重新接线，清除触头表面的氧化层。 （2）增加电源容量。 （3）重新安装。 （4）更换灯泡
熔丝烧断	（1）灯座或挂线盒连接处的两线头相碰。 （2）熔丝太细。 （3）线路短路。 （4）负载过大。 （5）胶木灯座两触点间的胶木被烧毁，从而造成短路	（1）重新接好线头。 （2）正确选择熔丝规格。 （3）修复线路。 （4）减轻负载。 （5）更换灯座
灯光暗淡	（1）灯座和开关接触不良，或导线连接处接触电阻增加。 （2）灯座、开关或导线对地严重漏电。 （3）线路导线太长太细，压降过大。 （4）电源电压过低	（1）修复接触不良的触头，并重新连接导线接头。 （2）更换灯座、开关或导线。 （3）缩短线路长度，或换用截面面积较大的导线。 （4）调整电源电压

人为设置故障，要求学生根据表 3-5 所示的内容对设置的故障进行排除。

典型任务实施——2 只单刀双掷开关控制 1 盏白炽灯电路的安装与故障排除

一、实施目标

(1) 掌握常用单刀双掷开关的安装方法和步骤；
(2) 掌握 2 只单刀双掷开关控制 1 盏白炽灯电路的安装方法；
(3) 掌握 2 只单刀双掷开关控制 1 盏白炽灯电路的故障排除方法。

二、实施器材

(1) 自制木台　1 块/组；
(2) 单刀双掷开关　2 只/组；
(3) 白炽灯　1 盏/组；
(4) 电工工具　1 套/组；
(5) 导线　若干；
(6) 实训工作台（含三相电源、常用仪表等）　1 台/组。

三、实施电路

2 只单刀双掷开关控制 1 盏白炽灯的电路安装如图 3-29 所示。

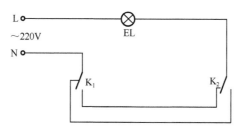

图 3-29　2 只单刀双掷开关控制 1 盏白炽灯的电路

四、实施内容与步骤

1. 2 只单刀双掷开关控制 1 盏白炽灯电路的安装
(1) 根据安装要求，准备好所需的材料；
(2) 按照布线工艺，定位后布线；
(3) 安装灯座；

(4) 安装插座；

(5) 按图 3-29 所示的电路图正确连接电路；

(6) 接通电源，操作开关，观察白炽灯的工作情况。

安装的注意事项：

(1) 零线和相线应严格区分，应将零线直接接到灯座上，而相线应经过两只双控开关后，再接到灯头上。对于螺口灯座，相线必须接在螺口灯座中心的接线端上，零线接在螺口的接线端上，否则就容易发生触电事故；

(2) 用双股棉织绝缘软线时，有花色的一根导线接相线，没有花色的一根导线接零线；

(3) 导线与接线螺钉连接时，先将导线的绝缘层剥去合适的长度，然后再将导线拧紧以免松动，最后环成圆扣。圆扣的方向应与螺钉拧紧的方向一致，否则旋紧螺钉时，圆扣就会松开；

(4) 当灯具需接地（或零）时，应采用单独的接地导线（如黄绿双色）接到电网的零干线上，以确保安全。

2.2 只单刀双掷开关控制 1 盏白炽灯电路的故障排除

白炽灯的常见故障及其排除方法见表 3-5。

人为设置故障，要求学生根据表 3-5 所示的内容对设置的故障进行排除。

典型任务实施——电感式镇流器日光灯电路的安装、测试与故障排除

一、实施目标

(1) 熟悉日光灯的原理；

(2) 掌握电感式镇流器日光灯电路的安装方法；

(3) 掌握电感式镇流器日光灯电路的故障排除方法。

二、实施器材

(1) 自制木台　1 块/组；

(2) 单联开关　2 只/组；

(3) 日光灯　1 盏/组；

(4) 电工工具　1 套/组；

(5) 导线　若干；

(6) 实训工作台（含三相电源、常用仪表等）　1 台/组。

三、实施电路

电感式镇流器日光灯的电路如图 3-30 所示。

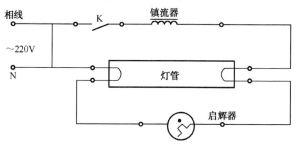

图 3-30　电感式镇流器日光灯的电路

四、实施内容与步骤

1. 日光灯线路的安装

（1）将日光灯底座和拉线开关等固定在木台上，按图 3-30 所示的电路图正确连接线路；

（2）接通电源，操作开关，观察日光灯的工作情况。

注意：

①镇流器、启辉器和灯管的规格应相配套，不同功率不能互相混用，否则会缩短灯管寿命，从而造成启动困难。

②接线时，应使相线进开关。

2. 日光灯线路的故障排除

日光灯线路的常见故障及其排除方法见表 3-6。

表 3-6　日光灯线路的常见故障及其排除方法

常见故障	故障原因	排除方法
灯管不亮	（1）灯座触点接触不良，或电路接线松动。 （2）启辉器损坏，或与启辉器座接触不良。 （3）镇流器线圈或灯管内灯丝断裂或脱落。 （4）无电源。 （5）新装灯管接线错误。 （6）气温太低，启辉器难以启辉	（1）重新安装灯管，或重新接好导线。 （2）先旋动启辉器，看是否发亮，然后再检查线头是否脱落，排除后仍不发亮，应更换启辉器。 （3）用万用表的低电阻挡检查线圈和灯丝是否断路；20W 及以下的灯管一端断丝，将该端的两个灯脚短路后，仍可使用。 （4）验明是否停电，或熔丝熔断。 （5）检查线路。 （6）将灯管进行加热、加罩处理或换用低温灯管

续表

常见故障	故障原因	排除方法
灯管两端发亮，中间不亮	(1) 启辉器接触不良，或内部小电容击穿，或启辉器座线头脱落。 (2) 启辉器损坏	按灯光不亮的排除方法（2）进行检查；若内部小电容击穿，可将其剪去后继续使用
启辉困难（灯管两端不断闪烁，中间不亮）	(1) 启辉器规格与灯管不配套。 (2) 电源电压过低。 (3) 镇流器规格与灯管不配套，启辉电流小。 (4) 灯管老化。 (5) 环境温度过低。 (6) 接线错误或灯座灯脚松动	(1) 更换启辉器。 (2) 调整电源电压，使电压保持在额定值。 (3) 更换镇流器。 (4) 更换灯管。 (5) 可用热毛巾在灯管上来回烫熨（但应注意安全，灯架和灯座不可触及和受潮）。 (6) 检查线路或修理灯座
灯光闪烁或管内有螺旋形滚动光带	(1) 启辉器或镇流器接触不良。 (2) 镇流器不配套，工作电流过大。 (3) 新灯管暂时现象。 (4) 灯管质量不好	(1) 接好连接点。 (2) 更换镇流器。 (3) 使用一段时间后，会自然消失。 (4) 更换灯管
灯管两端发黑	(1) 灯管衰老。 (2) 启辉不良。 (3) 电源电压过高。 (4) 镇流器不配套。 (5) 灯管内水银凝结	(1) 更换灯管。 (2) 排除启辉系统故障。 (3) 调整电源电压。 (4) 更换镇流器。 (5) 灯管工作后即能蒸发或将灯管旋转180°
镇流器声音异常	(1) 铁芯叠片松动。 (2) 电源电压过高。 (3) 线圈内部短路（伴随过热现象）	(1) 固紧铁芯。 (2) 调整电源电压。 (3) 更换线圈或整个镇流器
灯管寿命过短	(1) 镇流器不配套。 (2) 开关次数过多。 (3) 电源电压过高。 (4) 接线错误，导致灯丝烧毁	(1) 更换镇流器。 (2) 减少不必要的开关次数。 (3) 调整电源电压。 (4) 调整接线
灯管亮度降低	(1) 温度太低或冷风直吹灯管。 (2) 灯管老化陈旧。 (3) 线路电压太低或压降太大。 (4) 灯管上积垢太多	(1) 加防护罩并避免冷风直吹。 (2) 换用新灯管。 (3) 查找线路电压太低的原因，并处理。 (4) 断电后，清洗灯管并烘下处理

人为设置故障,要求学生根据表 3-6 所示的内容对设置的故障进行排除。

典型任务实施——家庭简单照明电路的安装与故障排除

一、实施目标

(1) 复习和巩固照明电路的安装与排故;
(2) 掌握照明电路的施工工艺;
(3) 掌握检查线路与排除故障的方法。

二、实施器材

(1) 自制木台　1 块/组;
(2) 实训工作台(含三相电源、常用仪表等)　1 台/组;
(3) 单联开关　2 只/组;
(4) 空气开关　2 个/组;
(5) 电度表　1 块/组;
(6) 白炽灯　1 盏/组;
(7) 日光灯　1 盏/组;
(8) 插座　1 个/组;
(9) 电热器　1 个/组;
(10) 万用表　1 块/组;
(11) 电工工具　1 套/组;
(12) 导线　若干。

三、实施电路与说明

如图 3-31 所示是日常生活中常见的简单照明电路图,电路由电度表、开关、白炽灯、日光灯和插座等器件组成。合上电源空气开关 QF_1 后,单相电度表不会转动;然后再合上空气开关 QF_2,此时电路进入通电状态:

(1) 合上开关 K_1,白炽灯 EL 发亮,电度表盘旋转(从左向右转),开始计量电能;
(2) 合上开关 K_2,日光灯发亮,但由于日光灯与白炽灯同时发光,负荷增大,所以电度表表盘的转速比刚才的速度稍快一些;
(3) 接通插座,左边是零线,右边是火线,电压是相电压 220V;然后插上电热器,因为电热器是大功率负载,所以电度表表盘的转得非常快。

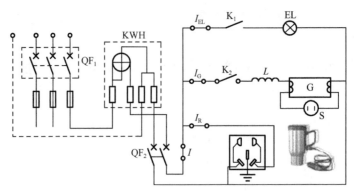

图 3-31 简单照明电路图

安装线路的工艺要求：横平竖直，拐弯成直角，少用导线，少交叉，多线并拢一起走。其意思是：横线要水平，竖线要垂直，转弯要成直角，不能有斜线，接线时要尽量避免交叉线，如果一个方向有多条导线，要并在一起走。

四、实施内容及步骤

（1）按图 3-31 所示的电路准备好所需的元器件，并把元器件固定在木板上。

（2）用万用表测量所用元器件的好坏。根据测量各种开关、白炽灯、镇流器、日光灯和电热器电阻的大小，来判断它们的好坏。

（3）根据工艺要求按图 3-31 所示的电路连接线路。

（4）用万用表检查线路情况。将万用表置于 1k 欧姆挡，两个表笔放在 QF_2 下方的火线和零线上，如果万用表一开始读数为零，则说明线路的火线和零线有直接短路现象，要马上寻找短路点；如果万用表读数显示"∞"，则应按下开关 K_1，如果此时测到白炽灯的电阻，则表明火线到电灯的线路没有问题。

（5）通过上述检查正确后，合上开关 QF_1、QF_2，接通电源，然后再合上 K_1、K_2，观察白炽灯和日光灯的发光情况。

（6）用万用表测量插座上的电压，并判断插座是否是左零右火；将电热杯装上半杯水，然后把电热杯的插头插到插座上，看电热杯是否正常工作。

（7）通电完毕，断开开关 QF_1、QF_2，切断电源。

五、注意事项

（1）通电时要在教师的监护下进行。

(2) 分清实训台上电源的火线和零线，开关应接在火线上，插座接法应该是"左零右火上地"。

(3) 当将电热杯插到插座通电时，应注意先装上水，禁止干烧。

(4) 通电前，应认真检查线路，以防止发生短路。

练习与思考

(1) 开关能安装在零线上吗？为什么？

(2) 螺口灯座怎样安装？

(3) 2只单刀双掷开关是什么连接关系？

(4) 2只单刀双掷开关控制1盏白炽灯的电路用于什么场合？

(5) 日光灯由哪些部件组成？各部件的主要结构和作用是什么？

(6) 日光灯通电后完全不亮，可能是由哪些原因造成的？怎样检查？

(7) 日光灯通电后灯管两头发红，但不启辉，这可能是由哪些原因造成的？怎样检查？

(8) 电源插座的接线一般应遵循什么规则？

(9) 接线时应注意什么？

(10) 总结查找照明线路故障的一般方法与步骤。

任务四　电阻元件、电感元件及电容元件的特性分析

知识链接一　单一参数正弦交流电路

一、纯电阻电路

1. 电阻元件的电压和电流关系

纯电阻电路是最简单的交流电路，如图3-32所示。在日常生活和工作中接触到的白炽灯、电炉和电烙铁等，都属于电阻性负载，它们与交流电源连接可组成纯电阻电路。

设电阻两端电压为：

$$u(t) = U_m \sin \omega t$$

则

$$i(t) = \frac{u(t)}{R} = \frac{U_m}{R}\sin \omega t = I_m \sin \omega t$$

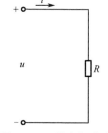

图3-32　纯电阻电路

比较电压和电流的关系式可见：电阻两端的电压 u 和电流 i 的频率相同，电压与电流的有效值（或最大值）的关系符合欧姆定律，且电压与电流同相（相位差 $\varphi=0$）。

它们在数值上满足关系式

$$U = RI$$

或

$$I = \frac{U}{R} \tag{3-25}$$

表示电阻元件的电压和电流波形图如图 3-33 所示。

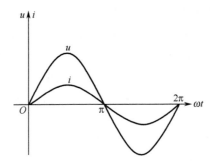

图 3-33 电阻元件的电压和电流波形图

用相量表示电压与电流的关系为：

$$\dot{U} = R\dot{I} \tag{3-26}$$

电阻元件的电压和电流相量图如图 3-34 所示。

图 3-34 电阻元件的电压与电流的相量图

2. 电阻元件的功率

1）瞬时功率

电阻在某一时刻消耗的电功率叫作瞬时功率，它等于电压 u 与电流 i 瞬时值的乘积，并用小写字母 p 表示。

$$\begin{aligned} p = p_R &= ui = U_m I_m \sin^2 \omega t \\ &= U_m I_m \frac{1 - \cos 2\omega t}{2} \\ &= UI(1 - \cos 2\omega t) \end{aligned}$$

在任何时刻，恒有 $p \geqslant 0$，这说明电阻只要有电流就消耗能量，将电能转换为热能，所以它是一种耗能元件。

2）平均功率

在工程中，常用瞬时功率在一个周期内的平均值表示功率，称为平均功率,用大写字母 P 表示。

$$P = \frac{U_m I_m}{2} = UI = I^2 R = \frac{U^2}{R} \quad (3-27)$$

式(3-27)的表达形式与直流电路中电阻功率的表达形式相同,但式中的 U 和 I 不是直流电压和电流,而是正弦交流电的有效值。

例 3-10 在图 3-32 所示的电路中,$R=10\Omega$,$u_R = 10\sqrt{2}\sin(\omega t + 30°)$(V),求电流 i 的瞬时值表达式、相量表达式和平均功率 P。

解: 由 $u_R = 10\sqrt{2}\sin(\omega t + 30°)$(V) 得

$$\dot{U}_R = 10\angle 30°(V)$$

$$\dot{I} = \frac{\dot{U}_R}{R} = \frac{10\angle 30°}{10} = 1\angle 30°(A)$$

$$i = \sqrt{2}\sin(\omega t + 30°)(A)$$

$$P = U_R I = 10 \times 1 = 10(W)$$

二、纯电感电路

1. 电感元件的电压和电流关系

纯电感电路如图 3-35 所示。

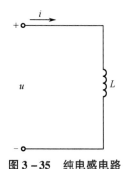

图 3-35 纯电感电路

设纯电感电路的正弦电流为:

$$i = I_m \sin \omega t$$

则在电压和电流关联参考方向下,电感元件的两端电压为:

$$u = L\frac{di}{dt} = \omega L I_m \cos \omega t = \omega L I_m \sin(\omega t + 90°) = U_m \sin(\omega t + 90°)$$

比较电压和电流的关系式可见:电感两端的电压 u 和电流 i 也是同频率的正弦量,但电压的相位超前电流 90°,电压与电流在数值上满足关系式:

$$U_m = \omega L I_m$$

或
$$\frac{U_m}{I_m} = \frac{U}{I} = \omega L \qquad (3-28)$$

电感元件的电压和电流波形如图 3-36 所示。

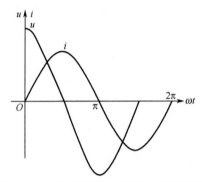

图 3-36 电感元件的电压和电流波形图

2. 感抗的概念

电感具有对交流电流起阻碍作用的物理性质,所以称为感抗,用 X_L 表示,即

$$X_L = \omega L = 2\pi f L \qquad (3-29)$$

感抗表示线圈对交流电流阻碍作用的大小。当 $f=0$ 时,$X_L=0$,这表明线圈对于直流电流相当于短路。这就是线圈本身所固有的"直流畅通,高频受阻"作用。

用相量表示电压与电流的关系为:

$$\dot{U} = jX_L \dot{I} = j\omega L \dot{I} \qquad (3-30)$$

电感元件的电压和电流相量图如图 3-37 所示。

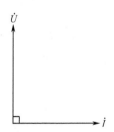

图 3-37 电感元件的电压和电流相量图

3. 电感元件的功率

1) 瞬时功率

电感元件瞬时功率的波形图如图 3-38 所示。

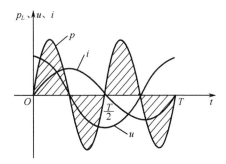

图 3-38　电感元件瞬时功率的波形图

$$p = p_L = ui = U_m\sin(\omega t + 90°)I_m\sin\omega t$$
$$= \frac{1}{2}U_m I_m \sin 2\omega t$$

2）平均功率

在纯电感条件下的电路中，仅有能量的交换而没有能量的损耗，故
$$P_L = 0$$

在工程中，为了表示能量交换的规模大小，将电感瞬时功率的最大值定义为电感的无功功率，简称感性无功功率，用 Q_L 表示。即

$$Q_L = UI = I^2 X_L = \frac{U^2}{X_L} \qquad (3-31)$$

Q_L 的基本单位是乏（Var）。

例 3-11　把一个电感量为 0.35H 的线圈，接到 $u = 220\sqrt{2}\sin(100\pi t + 60°)$ (V) 的电源上，求线圈中电流瞬时值的表达式。

解：由线圈两端电压的表达式可得到：
$$U = 220\text{V} \qquad \omega = 100\pi\text{rad/s} \qquad \varphi = 60°$$
$$\dot{U} = 220\angle 60°(\text{V})$$
$$X_L = \omega L = 100 \times 3.14 \times 0.35 \approx 110(\Omega)$$
$$\dot{I}_L = \frac{\dot{U}_L}{\text{j}X_L} = \frac{220\angle 60°}{1\angle 90° \times 110} = 2\angle(-30°)(\text{A})$$

因此通过线圈的电流瞬时值表达式为：
$$i = 2\sqrt{2}\sin\left(100\pi t - \frac{\pi}{6}\right)\text{A}$$

三、纯电容电路

1. 电容元件的电压和电流关系

如果在电容 C 两端加一正弦电压 $u = U_m\sin\omega t$，如图 3-39。

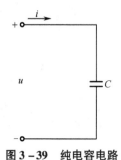

图3-39 纯电容电路

则

$$i = C\frac{du}{dt} = CU_m\frac{d}{dt}(\sin \omega t)$$
$$= \omega CU_m\cos \omega t = \omega CU_m\sin(\omega t + 90°)$$
$$= I_m\sin(\omega t + 90°)$$

比较电压和电流的关系式可见:电容两端的电压 u 和电流 i 也是同频率的正弦量,但电流的相位超前电压90°。图3-40所示为电容元件的电压和电流波形图。电压与电流在数值上满足关系式:

$$I_m = \omega CU_m$$

或
$$\frac{U_m}{I_m} = \frac{U}{I} = \frac{1}{\omega C} \qquad (3-32)$$

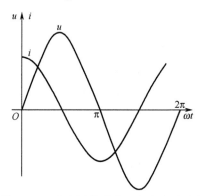

图3-40 电容元件的电压和电流波形图

2. 容抗的概念

电容具有对直流电流起阻碍作用的物理性质,所以称为容抗,用 X_C 表示,即

$$X_C = \frac{1}{\omega C} = \frac{1}{2\pi fC} \qquad (3-33)$$

电容元件对高频电流所呈现的容抗很小,相当于短路。而当频率 f 很低或 $f=0$(直流)时,电容就相当于开路。这就是电容元件的"隔直通交"作用。用相量表示电压与电流的关系为:

$$\dot{U} = -jX_C\dot{I} = j\frac{\dot{I}}{\omega C} = \frac{\dot{I}}{j\omega C} \qquad (3-34)$$

电容元件的电压和电流相量图如图3-41所示。

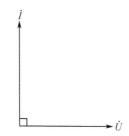

图3-41 电容元件的电压和电流相量图

3. 电容元件的功率

1)瞬时功率

图3-42所示为电容瞬时功率的波形图,其表达式为:

$$p = p_C = ui = U_m\sin\omega t \cdot I_m\sin\left(\omega t + \frac{\pi}{2}\right)$$

$$= U_m I_m \sin\omega t\cos\omega t$$

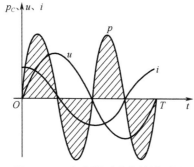

图3-42 电容瞬时功率的波形图

2)平均功率

由图3-42可知,纯电容元件的平均功率:

$$P = 0$$

为了表示能量交换的规模大小,将电容瞬时功率的最大值定义为电容的无功功率,或称容性无功功率,用 Q_C 表示,即

$$Q_C = UI = I^2 X_C = \frac{U^2}{X_C} \text{ (Var)}$$

例 3-12 把电容量为 40μF 的电容器接到交流电源上,通过电容器的电流为 $i = 2.75 \times \sqrt{2}\sin(314t + 30°)(\text{A})$,试求电容器两端电压的瞬时值表达式。

解:由通过电容器的电流表达式

$$i = 2.75 \times \sqrt{2}\sin(314t + 30°)(\text{A})$$

可知 $I = 2.75\text{A} \quad \omega = 314\text{rad/s} \quad \varphi = 30°$

则 $\dot{I} = 2.75\angle 30°(\text{A})$

电容器的容抗为:

$$X_C = \frac{1}{\omega C} = \frac{1}{314 \times 40 \times 10^{-6}} \approx 80(\Omega)$$

$$\dot{U} = -jX_C\dot{I} = 1\angle(-90°) \times 80 \times 2.75\angle 30° = 220\angle(-60°)(\text{V})$$

所以电容器两端电压的瞬时值表达式为:

$$u = 220\sqrt{2}\sin(314t - 60°)(\text{V})$$

知识链接二 *RLC* 串联电路和 *RLC* 并联电路

一、*RLC* 串联电路

1. *RLC* 串联电路的电压和电流关系

RLC 串联电路如图 3-43 所示,根据 KVL 定律可列出:

$$u = u_R + u_L + u_C$$

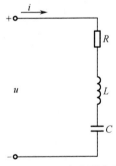

图 3-43 *RLC* 串联电路

设电路中的电流为:

$$i = I_m \sin \omega t$$

则电阻元件上的电压 u_R 与电流同相，即

$$u_R = RI_m \sin \omega t = U_{Rm} \sin \omega t$$

电感元件上的电压 u_L 比电流超前 90°，即

$$u_L = \omega L I_m \sin(\omega t + 90°) = U_{Lm} \sin(\omega t + 90°)$$

电容元件上的电压 u_C 比电流滞后 90°，见图 3-44，即

$$u_C = \frac{I_m}{\omega C} \sin(\omega t - 90°) = U_{Cm} \sin(\omega t - 90°)$$

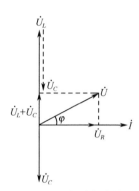

图 3-44 RLC 串联电路的向量图

电源电压为：

$$u = u_R + u_L + u_C = U_m \sin(\omega t + \varphi)$$

由电压相量所组成的直角三角形，称为电压三角形。利用这个电压三角形，可求得电源电压的有效值，如图 3-45 所示，即

$$U = \sqrt{U_R^2 + (U_L - U_C)^2} = \sqrt{(RI)^2 + (X_L I - X_C I)^2} = I\sqrt{R^2 + (X_L - X_C)^2}$$

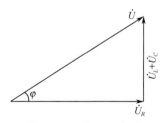

图 3-45 电压三角形

2. 电路中的阻抗及相量图

电路中的电压与电流的有效值（或幅值）之比为 $\sqrt{R^2 + (X_L - X_C)^2}$，它的单位也是欧姆，也具有对电流起阻碍作用的性质，所以我们称它为电路的阻抗模，用 |Z| 代表，即

$$|Z| = \sqrt{R^2 + (X_L - X_C)^2} = \sqrt{R^2 + \left(\omega L - \frac{1}{\omega C}\right)^2}$$

$|Z|$，R，$(X_L - X_C)$ 三者之间的关系也可用一个直角三角形——阻抗三角形来表示，如图 3-46 所示。

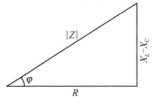

图 3-46 阻抗三角形

电源电压 u 与电流 i 之间的相位差也可从电压三角形得出，即

$$\varphi = \arctan \frac{U_L - U_C}{U_R} = \arctan \frac{X_L - X_C}{R}$$

用相量表示电压与电流的关系为：

$$\dot{U} = \dot{U}_R + \dot{U}_L + \dot{U}_C = R\dot{I} + jX_L\dot{I} - jX_C\dot{I}$$
$$= [R + j(X_L - X_C)]\dot{I}$$

将上式写成：

$$\frac{\dot{U}}{\dot{I}} = R + j(X_L - X_C)$$

式中的 $R + j(X_L - X_C)$ 称为电路的阻抗，用大写的 Z 表示，即

$$Z = R + j(X_L - X_C) = \sqrt{R^2 + (X_L - X_C)^2}\, e^{j\arctan \frac{X_L - X_C}{R}} = |Z| e^{j\varphi}$$

阻抗的幅角即为电流与电压之间的相位差。对于感性电路，φ 为正；对于容性电路，φ 为负。

二、RLC 并联电路

1）RLC 并联电路的电压和电流关系

RLC 并联电路如图 3-47（a）所示，其相量模型如图 3-47（b）所示。在图 3-47（b）中，由 KCL 相量形式有：

$$\dot{I} = \dot{I}_G + \dot{I}_L + \dot{I}_C = \frac{\dot{U}}{R} + \frac{\dot{U}}{j\omega L} + j\omega C\dot{U}$$
$$= \left(\frac{1}{R} + \frac{1}{j\omega L} + j\omega C\right)\dot{U} = [G + j(B_C - B_L)]\dot{U} \quad (3-35)$$
$$= (G + jB)\dot{U}$$

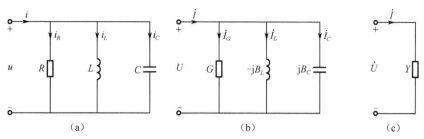

图 3-47 *RLC* 并联电路

(a) 电路图; (b) 相量模型; (c) 导纳表示的相量模型

2) *RLC* 并联电路的导纳

由导纳定义,可得 *RLC* 并联电路的导纳:

$$Y = \frac{\dot{I}}{\dot{U}} = G + jB = Y\angle\varphi_Y \quad (3-36)$$

Y 为复数,其实部 G 称为电导,虚部为 B,称为电纳。

$$B = B_C - B_L = \omega C - \frac{1}{\omega L} \quad (3-37)$$

复导纳的模:

$$|Y| = \sqrt{G^2 + B^2} = \sqrt{G^2 + (B_C - B_L)^2} \quad (3-38)$$

复导纳的导纳角:

$$\varphi_Y = \arctan\frac{B}{G} = \arctan\frac{B_C - B_L}{G} \quad (3-39)$$

同样,G、B、$|Y|$ 三者的关系可以构成一个导纳三角形,如图 3-48 所示。

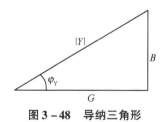

图 3-48 导纳三角形

3) *RLC* 并联电路的性质

在 *RLC* 并联电路中,可选电压 $\dot{U}$ 为参考相量,则 $\dot{I}_R$ 与 $\dot{U}$ 同相,$\dot{I}_L$ 比 $\dot{U}$ 滞后 90°,$\dot{I}_C$ 比 $\dot{U}$ 超前 90°,可画出电路相量图如图 3-49 所示。

当 $B_C < B_L$ 时,$B < 0$,$I_C < I_L$,$\varphi_Y < 0$,即 $\dot{I}$ 比 $\dot{U}$ 滞后 φ_Y,此时电路呈感

性,相量图为图 3-49 (a) 所示。

当 $B_C > B_L$ 时,$B > 0$,$I_C > I_L$,$\varphi_Y > 0$,即 $\dot{I}$ 比 $\dot{U}$ 超前 φ_Y,此时电路呈容性,相量图为图 3-49 (b) 所示。

当 $B_L = B_C$ 时,$B = 0$,$I_C = I_L$,$\varphi_Y = 0$,即 $\dot{I}$ 与 $\dot{U}$ 同相,此时电路呈阻性,相量图为图 3-49 (c) 所示。这是 RLC 并联电路的一种特殊的工作状态,称为并联谐振。

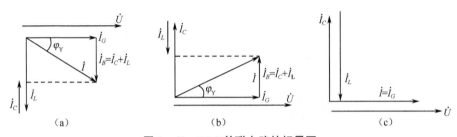

图 3-49 RLC 并联电路的相量图
(a) 呈感性;(b) 呈容性;(c) 呈阻性

例 3-13 已知在 RLC 并联电路中,$R = 10\Omega$,$L = 5\mu H$,$C = 0.5\mu F$,电压有效值 $U = 5V$,$\omega = 10 rad/s$。求电路的总电流,并说明电路的性质。

解: 电路的导纳为 $Y = G + j(B_C - B_L)$

其中 $G = \dfrac{1}{R} = 0.1 S$

$$B_L = \dfrac{1}{\omega L} = \dfrac{1}{10^6 \times 5 \times 10^{-6}} = 0.2(S)$$

$$B_C = \omega C = 10^6 \times 0.5 \times 10^{-6} = 0.5(S)$$

则 $Y = 0.1 + j(0.5 - 0.2) = 0.1 + j0.3 = 0.316 \angle 71.56°(S)$

以电压为参考相量 $\dot{U} = 5\angle 0° V$

则电流相量 $\dot{I} = Y\dot{U} = 1.58\angle 71.56° A$

$I = 1.58 A$

因为 $\varphi_Y = 71.56° > 0$,即 $\varphi < 0$,电流超前电压,因此电路呈容性。

任务五 正弦交流电路的分析

知识链接 电路谐振及其应用

在无线电技术中,常应用串联谐振的选频特性来选择信号。收音机通过接收天线接收到各种频率的电磁波,每一种频率的电磁波都要在天线回路中产生相应的微弱的感应电流。为了达到选择信号的目的,通常在收音机里采用如图 3-50 所示的谐振电路。

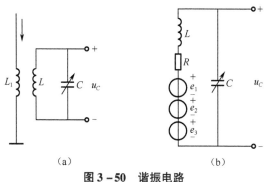

图 3-50 谐振电路
(a) 接收器的调谐电路;(b) 等效电路

一、串联谐振

1. 谐振条件

如图 3-51 所示的 RLC 串联电路,其总阻抗为:

$$Z = R + j\omega L - j\frac{1}{\omega C} = R + j(X_L - X_C) = R + jX = |Z|\angle\varphi$$

$$|Z| = \sqrt{R^2 + \left(\omega L - \frac{1}{\omega C}\right)^2}$$

$$X = X_L - X_C = \omega L - \frac{1}{\omega C}$$

当 ω 为某一值,恰好使感抗 X_L 和容抗 X_C 相等时,则 $X = 0$,此时电路中的电流和电压同相位,电路的阻抗最小,且等于电阻($Z = R$),电路的这种状态称为谐振。由于是在 RLC 串联电路中发生的谐振,所以又称为串联谐振。

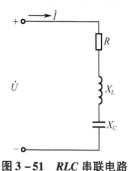

图 3-51 RLC 串联电路

2. 谐振频率

由谐振条件 $X_L = X_C$ 得：

$$\omega L = \frac{1}{\omega C}$$

ω 是谐振角频率，用 ω_0 表示

即

$$2\pi f_0 L = \frac{1}{2\pi f_0 C}$$

由此可得谐振角频率：

$$\omega_0 = \frac{1}{\sqrt{LC}}$$

谐振频率：

$$f_0 = \frac{1}{2\pi \sqrt{LC}}$$

3. 谐振电路的分析

当电路发生谐振时，$X = 0$，因此 $|Z| = R$，电路的阻抗最小，因而在电源电压不变的情况下，电路中的电流将在谐振时达到最大，其数值为：

$$I = I_0 = \frac{U}{R}$$

当电路发生谐振时，电路中的感抗和容抗相等，而电抗为零。电源电压 $\dot{U} = \dot{U}_R$，如图 3-52 所示的相量图。

由于

$$U_L = X_L I = X_L \frac{U}{R}$$

$$U_C = X_C I = X_C \frac{U}{R}$$

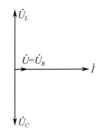

图 3-52　*RLC* 串联谐振的相量图

所以当 $X_L = X_C > R$ 时，U_L 和 U_C 都高于电源电压 U。因为串联谐振时 U_L 和 U_C 可能超过电源电压许多倍，所以串联谐振也称为电压谐振。

U_L 或 U_C 与电源电压 U 的比值,通常用品质因素 Q 来表示:

$$Q = \frac{U_L}{U} = \frac{U_C}{U} = \frac{X_L}{R} = \frac{X_C}{R}$$

例 3-14 在电阻、电感、电容的串联谐振电路中,$L = 0.05\text{mH}$,$C = 200\text{pF}$,品质因数 $Q = 100$,交流电压的有效值 $U = 1\text{mV}$。试求:

(1) 电路的谐振频率 f_0。

(2) 谐振时电路中的电流 I_0。

(3) 电容上的电压 U_C。

解:(1) 电路的谐振频率

$$f_0 = \frac{1}{2\pi\sqrt{LC}} = \frac{1}{2 \times 3.14 \times \sqrt{5 \times 10^{-5} \times 2 \times 10^{-10}}} = 1.59(\text{MHz})$$

(2) 由于品质因数

$$Q = \frac{1}{R}\sqrt{\frac{L}{C}}$$

故

$$R = \frac{1}{Q}\sqrt{\frac{L}{C}} = \frac{1}{100}\sqrt{\frac{5 \times 10^{-5}}{2 \times 10^{-10}}} = 5(\Omega)$$

所以电流为:

$$I_0 = \frac{U}{R} = \frac{1 \times 10^{-3}}{5} = 0.2(\text{mA})$$

(3) 电容两端的电压是电源电压的 Q 倍,即

$$U_C = QU = 100 \times 10^{-3} = 0.1(\text{V})$$

二、并联谐振

1. *RLC* 并联谐振电路

1) 谐振条件

当信号源内阻很大时,采用串联谐振会使 Q 值大大降低,从而使谐振电路的选择性显著变差。在这种情况下,常采用并联谐振电路。

RLC 并联电路如图 3-53(a)所示,在外加电压 U 的作用下,电路的总电流相量:

$$\dot{I} = \dot{I}_R + \dot{I}_L + \dot{I}_C = \frac{\dot{U}}{R} + \frac{\dot{U}}{j\omega L} + j\omega C\dot{U} = \dot{U}\left[\frac{1}{R} + j\left(\omega C - \frac{1}{\omega L}\right)\right]$$

要使电路发生谐振,应满足下列条件:

$$\omega L - \frac{1}{\omega C} = 0$$

即
$$\omega_0 = \frac{1}{\sqrt{LC}} (\omega_0 \text{ 为谐振角频率})$$

谐振频率为:
$$f_0 = \frac{1}{2\pi \sqrt{LC}}$$

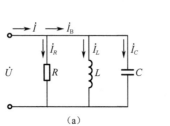 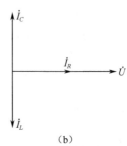

图 3-53 并联谐振电路
(a) 电路图;(b) 相量图

2) 谐振电路特点

在 RLC 并联电路中,当 $X_L = X_C$ 时,从电源流出的电流最小,且电路的总电压与总电流同相,我们把这种现象称为并联谐振。

并联谐振电路的特点:

(1) 并联谐振电路的总阻抗最大。
$$|Z| = R$$

(2) 并联谐振电路的总电流最小。
$$I_0 = \frac{U}{R}$$

(3) 谐振时,回路阻抗为纯电阻,回路端电压与总电流同相。

2. R、L 与 C 的并联谐振电路

1) 谐振条件

在实际工程电路中,最常见的、用途极广泛的谐振电路是由电感线圈和电容器并联组成的,如图 3-54 所示。

电感线圈与电容器并联组成的谐振电路的谐振频率为:
$$f_0 = \frac{1}{2\pi \sqrt{LC}} \sqrt{1 - \frac{CR^2}{L}}$$

在一般情况下,线圈的电阻比较小,所以振荡频率近似为:
$$f_0 = \frac{1}{2\pi \sqrt{LC}}$$

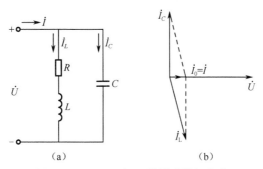

图3-54 R、L与C的并联谐振电路

(a) 电路图；(b) 向量图

2) 谐振电路的特点

(1) 电路呈纯电阻特性，总阻抗最大，当 $\sqrt{\frac{L}{C}} \gg R$ 时，$|Z| = \frac{L}{CR}$。

(2) 品质因数定义为 $Q = \frac{1}{R}\sqrt{\frac{L}{C}}$。

(3) 总电流与电压同相，数量关系为 $U = I_0 |Z|$。

(4) 支路电流为总电流的 Q 倍，即 $I_L = I_C = QI$。

因此，并联谐振又叫作电流谐振。

例3-15 在图3-55中线圈与电容器并联电路，已知线圈的电阻 $R = 10\Omega$，电感 $L = 0.127\text{mH}$，电容 $C = 200\text{pF}$。求电路的谐振频率 f_0 和谐振阻抗 Z_0。

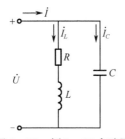

图3-55 例3-15电路图

解：谐振回路的品质因数：

$$Q = \frac{1}{R}\sqrt{\frac{L}{C}} = \frac{1}{10}\sqrt{\frac{0.127 \times 10^{-3}}{200 \times 10^{-12}}} \approx 80$$

因为回路的品质因数 $Q \gg 1$，所以谐振频率

$$f_0 \approx \frac{1}{2\pi\sqrt{LC}}$$
$$= \frac{1}{2\pi\sqrt{0.127\times10^{-3}\times200\times10^{-12}}}$$
$$= 10^6(\text{Hz})$$

电路的谐振阻抗
$$Z_0 = \frac{L}{CR} = Q^2R = 80^2\times10 = 64\times10^3 = 64(\text{k}\Omega)$$

二、正弦交流电路中的功率

1. 瞬时功率

如图3-56所示，若通过负载的电流为 $i = I_m\sin\omega t$，则负载两端的电压为 $u = U_m\sin(\omega t+\varphi)$，其参考方向如图3-56所示。在电流和电压关联参考方向下，瞬时功率：

$$p = ui = U_m\sin(\omega t+\varphi)I_m\sin\omega t = UI\cos\varphi - UI\cos(2\omega t+\varphi)$$

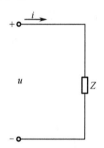

图3-56 正弦交流电路中的功率

2. 平均功率（有功功率）

将一个周期内瞬时功率的平均值称为平均功率，也称为有功功率。有功功率为：

$$P = UI\cos\varphi$$

3. 无功功率

由于电路中的电感元件和电容元件要与电源进行能量交换，根据电感元件和电容元件的无功功率，考虑到 $\dot{U}_L$ 与 $\dot{U}_C$ 相位相反，所以：

$$Q = (U_L - U_C)I = (X_L - X_C)I^2 = UI\sin\varphi$$

在既有电感又有电容的电路中，总的无功功率为 Q_L 与 Q_C 的代数和，即

$$Q = Q_L - Q_C$$

4. 视在功率

用额定电压与额定电流的乘积来表示视在功率，即

$$S = UI$$

视在功率常用来表示电器设备的容量，其单位为伏安（VA）。视在功率不是表示交流电路实际消耗的功率，而只能表示电源可能提供的最大功率，或指某设备的容量。

5. 功率三角形

将交流电路表示电压间关系的电压三角形的各边，乘以电流 I 即成为功率三角形，如图 3-57 所示。

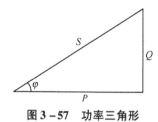

图 3-57 功率三角形

由功率三角形可得到 P、Q、S 三者之间的关系：

$$P = UI\cos\varphi \qquad Q = UI\sin\varphi \qquad S = \sqrt{P^2 + Q^2}$$

$$\varphi = \arctan\frac{Q}{P}$$

6. 功率因数

功率因数 $\cos\varphi$，其大小等于有功功率与视在功率的比值，在电工技术中，一般用 λ 表示。

例 3-16 已知电阻 $R = 30\Omega$，电感 $L = 328\text{mH}$，电容 $C = 40\mu\text{F}$，串联后接到电压 $u = 220\sqrt{2}\sin(314t + 30°)$（V）的电源上。求电路的 P、Q 和 S。

解：电路的阻抗：

$$Z = R + j(X_L - X_C) = 30 + j\left(314 \times 382 \times 10^{-3} - \frac{1}{314 \times 40 \times 10^{-6}}\right)$$

$$= 30 + j(120 - 80) = (30 + j40) = 50\angle 53.1°(\Omega)$$

电压的相量 $\qquad \dot{U} = 220\angle 30°(\text{V})$

因此电流的相量为：$\dot{I} = \dfrac{\dot{U}}{Z} = \dfrac{220\angle 30°}{50\angle 53.1°} = 4.4\angle(-23.1°)(\text{A})$

电路的平均功率 $\quad P = UI\cos\varphi = 220 \times 4.4\cos 53.1° = 58(\text{W})$

电路的无功功率 $\quad Q = UI\sin\varphi = 220 \times 4.4\sin 53.1° = 774(\text{Var})$

电路的视在功率 $\quad S = UI = 220 \times 4.4 = 968(\text{VA})$

由此可见，$\varphi>0$，电压超前电流，因此电路呈感性。

三、功率因数的提高

1. 提高功率因数的意义

从功率三角形中可以看出

$$\lambda = \cos\varphi = \frac{P}{S}$$

可见，正弦交流电路的功率因数等于有功功率与视在功率的比值。因此，电路的功率因数能够表示出，电路实际消耗的功率占电源功率容量的百分比。

在交流电力系统中，负载多为感性负载。例如常用的感应电动机，接上电源时要建立磁场，除了需要从电源取得有功功率外，还要从电源取得磁场的能量，并与电源做周期性的能量交换。在交流电路中，负载从电源接受的有功功率 $P=UI\cos\varphi$，显然与功率因数有关，因此功率因数过低会引起不良后果。

若负载的功率因数低，则使电源设备的容量不能充分利用，因为电源设备（发电机、变压器等）是依照其额定电压与额定电流而设计的。例如一台容量为 $S=100\mathrm{kVA}$ 的变压器，若负载的功率因数 $\lambda=1$，则此变压器就能输出 100kW 的有功功率；若 $\lambda=0.6$，则此变压器只能输出 60kW 的有功功率，也就是说，变压器的容量未能充分利用。

在一定的电压 U 下，向负载输送一定的有功功率 P 时，负载的功率因数越低，输电线路的电压降和功率损失越大。这是因为输电线路的电流 $I=P/(U\cos\varphi)$，当 $\lambda=\cos\varphi$ 较小时，I 必然较大，从而使输电线路上的电压降也要增加，因电源电压一定，所以负载的端电压将减少，这会影响负载的正常工作。从另一方面来看，电流 I 增加，输电线路中的功率损耗也要增加。因此，提高负载的功率因数对合理科学地使用电能以及对国民经济的发展都有着重要的意义。

常用的感应电动机在空载时的功率因数为 $0.2\sim0.3$，在轻载时只有 $0.4\sim0.5$，而在额定负载时为 $0.83\sim0.85$。不装电容器的日光灯，其功率因数为 $0.45\sim0.6$。因此，应设法提高这类感性负载的功率因数，以降低输电线路的电压降和功率损耗。

2. 提高功率因数的方法

提高功率因数常用的方法是，在感性负载的两端并联电容器。其电路图和相量图如图 3-58 所示。

在感性负载 RL 的支路上并联电容器 C 后，流过负载支路的电流、负载本身的功率因数及电路中消耗的有功功率不变。即

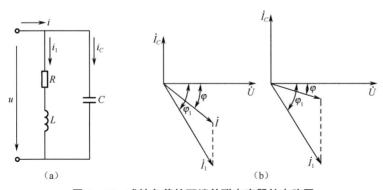

图3-58 感性负载的两端并联电容器的电路图
（a）电路图；（b）相量图

$$I_1 = \frac{U}{\sqrt{R^2 + X_L^2}}\cos\varphi_1 = \frac{R}{\sqrt{R^2 + X_L^2}}$$

$$P = RI_1^2 = UI\cos\varphi_1$$

但总电压 u 与总电流 i 的相位差 φ 减小了，总功率因数 $\cos\varphi$ 增大了。这里所讲的功率因数提高是指电源或电网的功率因数提高，而不是某个感性负载的功率因数提高。其次，由相量图可见，并联电容器以后线路电流减小了，因而减小了功率损耗。

例3-17 有一电感性负载，其功率 $P=10\text{kW}$，功率因数 $\cos\varphi_1=0.6$，接在电压 $U=220\text{V}$ 的电源上，电源频率 $f=50\text{Hz}$。

（1）如要将功率因数提高到 $\cos\varphi_1=0.95$，试求与负载并联的电容器的电容值和电容器并联前后的线路电流。

（2）如要将功率因数从 0.95 再提高到 1，试问并联电容器的电容值还需增加多少？

解：计算并联电容器的电容值，可从相量图导出一个公式：

$$I_C = I_1\sin\varphi_1 - I\sin\varphi$$

$$= \left(\frac{P}{U\cos\varphi_1}\right)\sin\varphi_1 - \left(\frac{P}{U\cos\varphi}\right)\sin\varphi$$

$$= \frac{P}{U}(\tan\varphi_1 - \tan\varphi)$$

又因

$$I_C = \frac{U}{X_C} = U\omega C$$

所以

$$U\omega C = \frac{P}{U}(\tan\varphi_1 - \tan\varphi)$$

（1） $\cos\varphi_1 = 0.6 \quad \varphi_1 = 53°$

$$\cos\varphi = 0.95 \quad \varphi = 18°$$

因此所需电容值为：

$$C = \frac{P}{\omega U^2}(\tan\varphi_1 - \tan\varphi) = \frac{10 \times 10^3}{2\pi \times 50 \times 220^2}(\tan 53° - \tan 18°) = 656(\mu F)$$

并联电容前的线路电流（负载电流）为：

$$I_1 = \frac{P}{U\cos\varphi_1} = \frac{10 \times 10^3}{220 \times 0.6} = 75.6(A)$$

并联电容后的线路电流为：

$$I = \frac{P}{U\cos\varphi} = \frac{10 \times 10^3}{220 \times 0.95} = 47.8(A)$$

（2）如要将功率因数由 0.95 再提高到 1，则需要增加的电容值为：

$$C = \frac{P}{\omega U^2}(\tan\varphi_1 - \tan\varphi) = \frac{10 \times 10^3}{2\pi \times 50 \times 220^2}(\tan 18° - \tan 0°) = 213.6(\mu F)$$

项目四

三相供电电路的规划与安装

任务一 三相交流电路的分析

知识链接 正弦交流电路的分析方法

一、正弦交流电路的相量图分析法

相量图可以直观地显示各相量之间的关系,在讨论阻抗或导纳的串、并联电路时,常常利用由相关的电压和电流相量在复平面上组成的电路相量图,对其进行定性的分析或定量的计算。

用相量图求解正弦交流电路的具体步骤如下:

(1) 根据电路结构及已知条件选择参考相量:

若电路为串联电路,由于电流是共同的,所以应选电流为参考相量;

若电路为并联电路,由于电压是共同的,所以应选电压为参考相量。

若电路为混联电路,则参考相量的选择可根据电路的具体条件而定。如可根据已知条件选定电路内部某并联部分的电压或某串联部分的电流为参考相量。

有了参考相量,相量图中一般不再出现坐标轴,所有的相量都以参考相量为基准,从而使相量图变得非常简洁。

(2) 以参考相量为基准,由已知电路相量形式的 KCL、KVL 和 VCR 基本方程,逐一画出电路中的各电量,从而得到相量图。

(3) 运用电路的基本定律和三角函数以及几何关系求解正弦交流电路。

例 4-1 如图 4-1 (a) 所示的电路中,电压表 V_1、V_2 的读数都是 50V,试计算电压表 V 的读数。

解:先画出图 4-1 (a) 对应的相量模型,如图 4-1 (b) 所示。

该电路为 RL 串联电路,选取电路的电流 $\dot{I}$ 作为参考相量,设 $\dot{I} = I \angle 0°$

（A），根据 R，L 元件上的电压和电流的相位关系画出相量图，如图 4-1（c）所示。在相量图中，先画出参考相量 $\dot{I}$，$\dot{U}_R$ 相量与 $\dot{I}$ 同相，$\dot{U}_L$ 相量超前 $\dot{I}$ 相量 90°，而电压相量：

$$\dot{U} = \dot{U}_R + \dot{U}_L$$

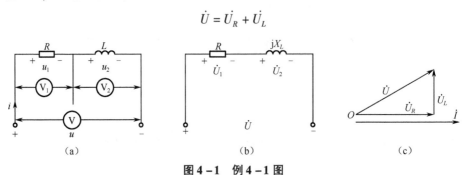

图 4-1 例 4-1 图
(a) 电路；(b) 相量模型；(c) 相量图

从相量图中可以看出，电压 U 表达式如下：

$$U = \sqrt{U_R^2 + U_L^2} = \sqrt{50^2 + 50^2} = 50\sqrt{2} \text{ （V）}$$

所以电压表 V 的读数为 $50\sqrt{2}$ V。

显然 $U \neq U_1 + U_2$，这说明在正弦交流电路中，有效值不满足基尔霍夫定律。

例 4-2 在图 4-2（a）所示的电路中，已知电流表 A_1、A_2 的读数都是 10A，试计算电流表 A 的读数。

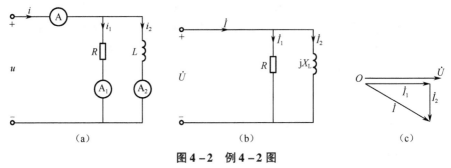

图 4-2 例 4-2 图
(a) 电路；(b) 相量模型；(c) 相量图

解：先画出图 4-2（a）所示的相量模型，如图 4-2（b）所示。此题为 RL 并联电路，所以选端口电压为参考相量，设 $\dot{U} = U\angle 0°$（V），考虑到 $\dot{I}_1$ 相量与 $\dot{U}$ 相量同相，$\dot{I}_2$ 相量滞后 $\dot{U}$ 相量 90°。

所以由 KCL 的相量式得

$$\dot{I} = \dot{I}_1 + \dot{I}_2$$

画出相量图如图 4-2（c）所示，则：

$$I = \sqrt{I_1^2 + I_2^2} = \sqrt{10^2 + 10^2} = 10\sqrt{2} \text{ （A）}$$

即电流表的读数为 $10\sqrt{2}$A。

二、正弦交流电路的相量分析法

1. 线性电阻电路的分析

对于线性电阻电路的分析，其基本定律有：

$$\sum i = 0 \qquad \sum u = 0 \qquad u = Ri \qquad i = Gu$$

对于正弦交流电路，其基本定律有：

$$\sum \dot{I} = 0 \qquad \sum \dot{U} = 0 \qquad \dot{U} = Z\dot{I} \qquad \dot{I} = Y\dot{U}$$

比较上述两组式子，它们在形式上是完全相同的。因此，线性电阻电路的各种分析方法和电路定理（例如电阻的串并联等效变换、Y-△等效变换、电压源和电流源的等效变换、2B 法、回路法、节点法以及戴维南定理和叠加定理等）都可以直接用于正弦电路的分析，不同的是，线性电阻电路的求解方程运算为实数运算，而正弦交流电路的求解方程运算为复数运算。

2. 用相量法分析正弦稳态电路响应的步骤

（1）画出与时域电路相对应的相量模型；
（2）选用适当的分析计算法求响应相量；
（3）将求得的响应相量变换为时域响应。

例 4-3 在图 4-3（a）所示的电路中，已知 $R = 5\Omega$，$L = 1$H，$C = 0.1$F，$i(t) = 10\sqrt{2}\cos 5t$（A），试求 u_R、u_L、u_C 和 u，并画相量图。

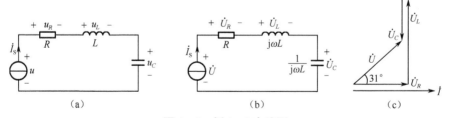

图 4-3 例 4-3 电路图
(a) 电路；(b) 相量模型；(c) 相量图

解：将图 4-3（a）中的各元件用其相量模型表示，得出图 4-3（b），则：

$$\dot{I}_S = 10\angle 0°\text{A} \quad j\omega L = j5\times 1 = j5\ (\Omega) \quad -j\frac{1}{\omega C} = -j\frac{1}{5\times 0.1} = -j2\ (\Omega)$$

$$\dot{U}_R = R\dot{I}_S = 5\times 10\angle 0° = 50\angle 0°\ (\text{V})$$

$$\dot{U}_L = j\omega L\dot{I}_S = j5\times 10\angle 0° = j50 = 50\angle 90°\ (\text{V})$$

$$\dot{U}_C = -j\frac{1}{\omega C}\dot{I}_S = -j2\times 10\angle 0° = 20\angle -90°\ (\text{V})$$

由 KVL 得：$\dot{U} = \dot{U}_R + \dot{U}_L + \dot{U}_C = 50 + j50 - j20 = 50 + j30 = 58.3\angle 31°\ (\text{V})$

所以

$$u_R = 50\sqrt{2}\cos 5t\ (\text{V})$$
$$u_L = 50\sqrt{2}\cos(5t + 90°)\ (\text{V})$$
$$u_C = 20\sqrt{2}\cos(5t - 90°)\ (\text{V})$$
$$u = 58.3\sqrt{2}\cos(5t + 31°)\ (\text{V})$$

相量图如图 4-3（c）所示。

例 4-4 电路的相量模型如图 4-4 所示，已知 $R_1 = R_2 = 5\Omega$，$jX_L = j5\Omega$，$-jX_{C1} = -jX_{C2} = -j5\Omega$，$\dot{U}_1 = 100\angle 0°\text{V}$，$\dot{U}_2 = 100\angle 53.1°\text{V}$，求电流 $\dot{I}$。

解：本题可用网孔电流法求解。

设网孔电流为 $\dot{I}_A$、$\dot{I}_B$，如图 4-4 所示。根据网孔电流法，分别列出 A、B 两个网孔方程。

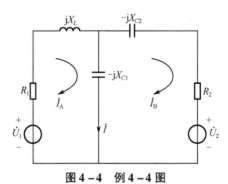

图 4-4　例 4-4 图

网孔 A：$(jX_L + R_1 - jX_{C1})\dot{I}_A - (-jX_{C1})\dot{I}_B = \dot{U}_1$

网孔 B：$(R_2 - jX_{C1} - jX_{C2})\dot{I}_B - (-jX_{C1})\dot{I}_A = -\dot{U}_2$

代入数值得：$(j5 + 5 - j5)\dot{I}_A - (-j5)\dot{I}_B = 100\angle 0°$

$(5 - j5 - j5)\dot{I}_B - (-j5)\dot{I}_A = -100\angle 53.1°$

而 $\dot{I} = \dot{I}_A - \dot{I}_B$

联立三个方程可解得 $\dot{I} = 6.32\angle 71.5°\text{A}$

例 4-5 电路的相量模型如图 4-5（a）所示，已知 $\dot{U}_S = 10\angle 0°\text{V}$，$\dot{I}_S = 2\angle 0°\text{A}$，$Z_1 = (1+j1)\ \Omega$，$Z_2 = (0.5+j5)\ \Omega$，$Z_3 = (10-j10)\ \Omega$，求电流 $\dot{I}_0$。

解：本题可用戴维南定理求解。

根据戴维南定理，将 Z_3 支路开路，如图 4-5（b）所示，求开路电压 $\dot{U}_{OC}$。

$$\dot{U}_{OC} = \dot{U}_S - \dot{I}_S Z_1 = 10\angle 0° - 2\angle 0° \times (1+j1) = 8.25\angle -14°\ (\text{V})$$

画等效内阻抗电路，如图 4-5（c）所示，则

$$Z_0 = Z_1 = 1+j1 = \sqrt{2}\angle 45°$$

因此 $\dot{I} = \dfrac{\dot{U}_{OC}}{Z_0 + Z_3} = \dfrac{8.52\angle -14°}{10-j10+1+j} = 0.581\angle 25.3°\ (\text{A})$

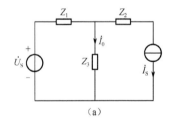 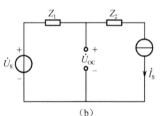 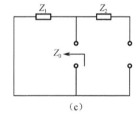

（a） （b） （c）

图 4-5 例 4-5 电路图

（a）相量模型；（b）开路相量模型；（c）等效内阻抗电路

任务二 三相负载的连接和分析

知识链接 三相电路的基本知识

一、三相电源

1. **三相交流电的产生**

三相交流电动势是由三相交流发电机产生的，图 4-6 是三相交流发电机的原理图，三相交流发电机的主要组成部分是电枢和磁极。

电枢是固定的，又称定子。定子铁芯的内圆表面冲有槽，用以放置三相

电枢绕组。每相绕组是相同的,如图 4-6 所示。三相绕组彼此相隔 120°,其中 A、B、C 称为始端,X、Y、Z 称为末端。

磁极是旋转的,所以又称转子。转子铁芯上绕有励磁绕组,用直流励磁。选择合适的极面形状和励磁绕组的布置情况,可使空气隙中的磁感应强度按正弦规律分布。当转子以 ω 角速度匀速转动时,每相绕组会依次切割磁力线,从而产生频率相同、幅值相等的正弦交流电动势 e_A、e_B、e_C,电动势的参考方向选定为自绕组的末端指向始端。这三个正弦交流电动势频率相同,幅值相等,彼此相差 120°,所以这种电动势称为三相对称电动势,见图 4-7。

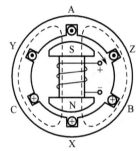
图 4-6 三相交流发电机的原理图

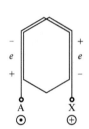
图 4-7 三相对称电动势

如以 A 相为参考,则可得出:

$$e_A = E_m \sin\omega t$$
$$e_B = E_m \sin(\omega t - 120°)$$
$$e_C = E_m \sin(\omega t + 120°) \quad (4-1)$$

也可用相量表示:

$$\dot{E}_A = E\angle 0° = E$$
$$\dot{E}_B = E\angle -120° = E\left(-\frac{1}{2} - j\frac{\sqrt{3}}{2}\right)$$
$$\dot{E}_C = E\angle +120° = E\left(-\frac{1}{2} + j\frac{\sqrt{3}}{2}\right) \quad (4-2)$$

如果用相量图和正弦波形来表示,则如图 4-8 所示。

三相交流电在相位上的先后次序称为相序。A-B-C 为顺相序;A-C-B 为逆相序。

由此可见,三相电动势的幅值相等,频率相同,彼此间的相位差也相等。所以这种电动势称为对称电动势。显然,它们的瞬时值或相量之和为零,即

$$e_A + e_B + e_C = 0$$
$$\dot{E}_A + \dot{E}_B + \dot{E}_C = 0 \quad (4-3)$$

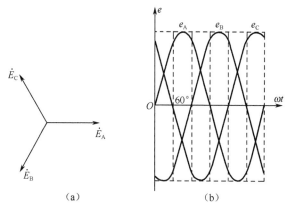

图 4-8 表示三相电动势的相量图和正弦波形
(a) 相量图；(b) 正弦波形

2. 三相电源的连接方法

1) 三相电源的三角形连接

将三相交流发电机绕组的始末端依次相连，即 X 与 B、Y 与 C、Z 与 A 分别相连，连成一个闭合的三角形，这种连接方法称为三角形连接。它常用于三相变压器，而三相交流发电机通常不采用此种连接方法，所以下面重点介绍三相电源的星形连接。

2) 三相电源的星形连接

将三相交流发电机绕组的三个末端 X、Y、Z 连在一起，这一连接点称为中性点或零点，用 N 表示，这种连接方法称为星形连接。从中性点引出的导线称为中性线或零线。从始端 A、B、C 引出的三根导线称为相线或端线，又称火线。

在图 4-9 所示的发电机的星形连接中，每相始端与末端间的电压，即相线与中性线间的电压称为相电压，其有效值用 U_A、U_B、U_C 或 U_p 表示。任意两相线之间的电压，称为线电压，其有效值用 U_{AB}、U_{BC}、U_{CA} 或 U_l 表示。

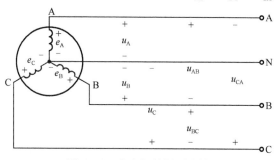

图 4-9 发电机的星形连接

将各相电动势的参考方向规定为从绕组的末端指向始端；将相电压的参考方向选定为自始端指向末端；线电压的参考方向，例如 U_{AB}，是指 A 端指向 B 端。

当三相发电机绕组连成星形时，可提供两种电压：一种是相电压；另一种是线电压，二者显然是不相等的。在电路中，任意两点之间的电压等于这两点的电位差，因而可得出：

$$u_{AB} = u_A - u_B$$
$$u_{BC} = u_B - u_C$$
$$u_{CA} = u_C - u_A \tag{4-4}$$

因为它们都是同频率的正弦量，所以可用相量和来表示：

$$\dot{U}_{AB} = \dot{U}_A - \dot{U}_B$$
$$\dot{U}_{BC} = \dot{U}_B - \dot{U}_C$$
$$\dot{U}_{CA} = \dot{U}_C - \dot{U}_A \tag{4-5}$$

图 4-10 所示是它们的相量图，由于发电机绕组的阻抗很小，所以可以忽略不计，所以相电压和对应的电动势基本上相等，因此，可以认为相电压也是对称的。作相量图时，可先作出相量 $\dot{U}_A$、$\dot{U}_B$、$\dot{U}_C$，而后根据相量式分别作出相量 $\dot{U}_{AB}$、$\dot{U}_{BC}$、$\dot{U}_{CA}$。由图 4-10 可知，线电压是对称的，它在相位上比相应的相电压超前 30°。

对于线电压和相电压在大小上的关系，可从相量图中得出

$$\frac{1}{2}U_l = U_p \cos 30° = \frac{\sqrt{3}}{2}U_p$$

因此得
$$U_l = \sqrt{3}U_p$$

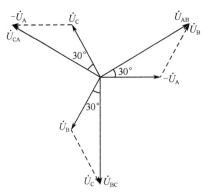

图 4-10　发电机绕组星形连接时相电压和线电压的相量图

发电机（或变压器）的绕组连成星形时，可引出四根导线，称为三相四线制，这样就有可能对负载提供两种电压。通常在低压配电系统中，相电压为220V，线电压为380V。

二、三相负载的连接

三相负载是由三个单相负载组合起来的。接在三相交流电路中的负载包括动力负载、电热负载和照明负载等。根据构成三相负载的性质和大小不同，可将三相负载分成三相对称负载和三相不对称负载。如果每相负载的电阻相等，感抗也相等，则性质也相同，即 $R_A = R_B = R_C$，$X_A = X_B = X_C$，可得出 $Z_A = Z_B = Z_C$，这种负载称为三相对称负载，否则称为三相不对称负载。

1. 三相负载的星形连接

1）星形连接

如果将每相负载的末端连成一点，用 N′ 表示，而将始端分别接到三相相线上，并将电源中点和负载中点用导线连接起来，则称为三相四线制供电电路，如图4-11所示。

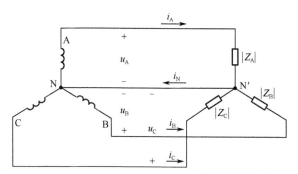

图4-11 负载星形连接的三相四线制供电电路

2）星形连接三相电路的分析

（1）相电压和线电压的关系：由图4-11可见，忽略输电线上的阻抗，三相负载上的线电压就是电源的线电压；三相负载上的相电压就是电源的相电压，即

$$U_l = \sqrt{3} U_p \tag{4-6}$$

（2）相电流和线电流的关系：相电流是指通过每相负载的电流；线电流是指每根相线上的电流。很明显，线电流等于相电流，即

$$I_l = I_p \tag{4-7}$$

这个关系对于对称三相星形负载或不对称三相星形负载都是成立的。

（3）相电压和相电流的关系：对于三相电路来说，相电压和相电流应该一相一相地计算。

设电源的相电压 U_A 为参考相量，则得：

$$\dot{U}_A = U_A \angle 0°, \quad \dot{U}_B = U_B \angle -120° \quad \dot{U}_C = U_C \angle 120°$$

在图 4-11 的电路中，电源的相电压为每相负载的电压，所以每相负载中的电流可分别求出，即

$$\dot{I}_A = \frac{\dot{U}_A}{Z_A} = \frac{U_A \angle 0°}{|Z_A| \angle \phi_A} = I_A \angle -\varphi_A$$

$$\dot{I}_B = \frac{\dot{U}_B}{Z_B} = \frac{U_B \angle -120°}{|Z_B| \angle \phi_B} = I_B \angle -120° - \varphi_B$$

$$\dot{I}_C = \frac{\dot{U}_C}{Z_C} = \frac{U_C \angle 120°}{|Z_C| \angle \phi_C} = I_C \angle 120° - \varphi_C \tag{4-8}$$

式中，每相负载中的电流有效值分别为：

$$I_A = \frac{U_A}{|Z_A|}, \quad I_B = \frac{U_B}{|Z_B|}, \quad I_C = \frac{U_C}{|Z_C|}$$

各相负载的电压与电流之间的相位差分别为：

$$\varphi_A = \arctan \frac{X_A}{R_A}, \quad \varphi_B = \arctan \frac{X_B}{R_B}, \quad \varphi_C = \arctan \frac{X_C}{R_C}$$

(4) 中性线电流：求出三个相电流后，中性线电流可用图中所选定的参考方向，应用基尔霍夫电流定律得出，即

$$i_N = i_A + i_B + i_C$$

$$\dot{I}_N = \dot{I}_A + \dot{I}_B + \dot{I}_C \tag{4-9}$$

负载星形连接时电压和电流的相量图如图 4-12 所示。作相量图时，先画出以 $\dot{U}_A$ 为参考相量的电源相电压 $\dot{U}_A$、$\dot{U}_B$、$\dot{U}_C$ 的相量，然后再画出各相电流 $\dot{I}_A$、$\dot{I}_B$、$\dot{I}_C$ 的相量，从而画出中性线电流 $\dot{I}_N$ 的相量。

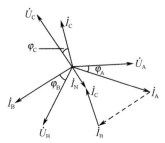

图 4-12 负载星形连接时电压和电流的相量图

当三相电源对称，而三相负载不对称时，流过每相负载的相电流大小是

不对称的,这时通过中性线的电流不为零。

当三相负载不对称时,由于中性线存在,所以各相负载的相电压保持不变,从而使负载正常工作。一旦中性线断开,则各相负载的相电压不再相等。其中阻抗小的相电压小,而阻抗大的相电压增大,所以可能会使相电压增大的这相照明负载烧毁。因此,低压照明设备都要采用三相四线制,并规定中性线不允许装熔断器和开关,有时中性线还采用钢心导线来加强机械强度,以免断开。另外,在连接三相电路时,应力求使三相负载对称,特别是三相照明电路,要将负载平均地接在三根相线上,不要接在同一相上。

如果三相负载对称,则只需计算一相即可,因为对称负载的电压和电流也是对称的,即大小相等,相位互差120°。同时,三相电路中对称负载作星形连接时,中性线电流为零,说明中性线不起作用,所以即使取消中性线,也不会影响电路的正常工作。因此,像电动机这样的三相对称负载也可以采用三相三线制的星形连接方式。

当三相对称负载星形连接时,电压和电流的相量图如图4-13所示。

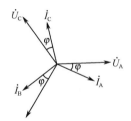

图4-13 三相对称负载星形连接时电压和电流的相量图

例4-6 有一星形连接的三相负载,每相的电阻$R=6\Omega$,感抗$X_L=8\Omega$。电源电压对称,设$u_{AB}=380\sqrt{2}\sin(\omega t+30°)$ V,试求电流(参照图4-14)。

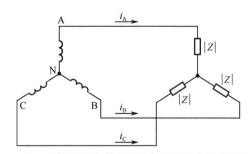

图4-14 三相对称负载星形连接时的三相四线制电路

解:因为负载对称,所以只需计算一相(如A相)即可。
由图4-13的相量图可知

$$U_A = \frac{U_{AB}}{\sqrt{3}} = \frac{380}{\sqrt{3}} = 220 \text{（V）}$$

u_A 比 u_{AB} 滞后 30°，即

$$u_A = 220\sqrt{2}\sin\omega t \text{ V}$$

A 相电流：

$$I_A = \frac{U_A}{|Z_A|} = \frac{220}{\sqrt{6^2+8^2}} = 22 \text{（A）}$$

i_A 比 u_A 滞后 ϕ 角，即

$$\phi = \arctan\frac{X_L}{R} = \arctan\frac{8}{6} = 53°$$

所以

$$i_A = 22\sqrt{2}\sin(\omega t - 53°) \text{（A）}$$

因为电流对称，所以其他两相的电流为：

$$i_B = 22\sqrt{2}\sin(\omega t - 53° - 120°) = 22\sqrt{2}\sin(\omega t - 173°) \text{（A）}$$

$$i_C = 22\sqrt{2}\sin(\omega t - 53° + 120°) = 22\sqrt{2}\sin(\omega t + 67°) \text{（A）}$$

2. 三相负载的三角形连接

1) 三角形连接

三角形连接的方法是：依次把每相负载的末端和次一相负载的始端相连，即将 X 与 B 相连、Y 与 C 相连、Z 与 A 相连，构成一个封闭的三角形，然后再分别接到三相电源的三根相线上，如图 4-15 所示。

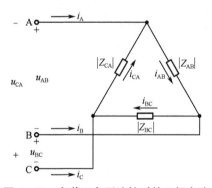

图 4-15 负载三角形连接时的三相电路

2) 三角形连接的三相负载

(1) 相电压与线电压的关系：因为各相负载都直接接在电源的线电压线上，所以负载的相电压与电源的线电压相等。因此，不论负载对称与否，其相电压总是对称的，即

$$U_{AB} = U_{BC} = U_{CA} = U_l = U_p \tag{4-10}$$

（2）相电压与相电流的关系：在图 4-15 所示的电路中，可计算出各相负载相电流的有效值为：

$$I_{AB} = \frac{U_{AB}}{|Z_{AB}|}, \quad I_{BC} = \frac{U_{BC}}{|Z_{BC}|}, \quad I_{CA} = \frac{U_{CA}}{|Z_{CA}|} \tag{4-11}$$

而各相负载相电压和相电流之间的相位差，可由各相负载的阻抗三角形求得，即

$$\phi_{AB} = \arctan\frac{X_{AB}}{R_{AB}}, \quad \phi_{BC} = \arctan\frac{X_{BC}}{R_{BC}}, \quad \phi_{CA} = \arctan\frac{X_{CA}}{R_{CA}}$$

如果三相负载对称，即

$$|Z_{AB}| = |Z_{BC}| = |Z_{CA}| = |Z| \text{ 和 } \phi_{AB} = \phi_{BC} = \phi_{CA} = \phi$$

则负载的相电流也是对称的，即

$$I_{AB} = I_{BC} = I_{CA} = I_p = \frac{U_p}{|Z|}$$

$$\phi_{AB} = \phi_{BC} = \phi_{CA} = \phi = \arctan\frac{X}{R}$$

（3）相电流与线电流的关系：如图 4-15 所示的电路，用基尔霍夫电流定律，可得出相电流和线电流的关系，即

$$\begin{aligned}\dot{I}_A &= \dot{I}_{AB} - \dot{I}_{CA} \\ \dot{I}_B &= \dot{I}_{BC} - \dot{I}_{AB} \\ \dot{I}_C &= \dot{I}_{CA} - \dot{I}_{BC}\end{aligned} \tag{4-12}$$

三相负载作三角形连接时，不论三相负载对称与否，上述关系式都是成立的。三相对称负载三角形连接时电压和电流的相量图如图 4-16 所示。

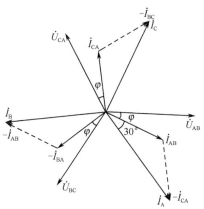

图 4-16 三相对称负载三角形连接时电压和电流的相量图

因为三个相电流是对称的,所以三个线电流也是对称的。线电流在相位上比相应的相电流滞后30°,其大小可由相量图求得:

$$\frac{I_1}{2} = I_p \cos 30° = \frac{\sqrt{3}}{2} I_p$$

由此得:

$$I_1 = \sqrt{3} I_p$$

上式表明,当三相对称负载作三角形连接时,线电流等于相电流的$\sqrt{3}$倍。

3. 三相负载的连接原则

三相负载究竟应采用星形连接还是三角形连接,必须根据每相负载的额定电压与电源线电压的关系而定,而与电源的连接方式无关。当各相负载的额定电压等于电源线电压的$1/\sqrt{3}$时,三相负载应作星形连接;当各相负载的额定电压等于电源的线电压时,三相负载应作三角形连接。之所以如此,是为了使每相负载所受的电压正好等于其额定电压,从而保证每相负载都能正常工作。错误的连接有时会引起严重的事故,例如,若把应该作星形连接的三相负载误接成三角形时,则每相负载所承受的电压为额定电压的$\sqrt{3}$倍,其各相电流和功率也随之增大,从而致使负载烧毁;反之,若把应作三角形连接的三相负载误接成星形时,则每相负载所承受的电压仅为额定电压的$1/\sqrt{3}$,其各相电流和功率也随之减小,所以势必不能发挥其应有的效用,如出现灯光不足,电动机转矩不够等现象,有时也会引起严重的事故。

目前,在我国的低压三相配电系统中,线电压大多为380V。因此当三相异步电动机各相绕组的额定电压为380V时,应采用三角形连接。单相负载的额定电压一般为220V,如电灯和电阻炉等,但也有380V的,如机床用的电磁铁和接触器等。因此,必须根据铭牌上的规定,分别把这些负载接在相线与中线或相线与相线之间。

三、三相功率的一般关系

在三相交流电路中,无论负载的连接方式是星形的还是三角形的,负载是对称的还是不对称的,三相交流电路总的有功功率等于各相负载的有功功率之和,即

$$P = P_A + P_B + P_C \qquad (4-13)$$
$$= U_A I_A \cos\phi_A + U_B I_B \cos\phi_B + U_C I_C \cos\phi_C$$

式中,U_A、U_B、U_C——各相相电压;

I_A、I_B、I_C——各相相电流;

$\cos\phi_A$、$\cos\phi_B$、$\cos\phi_C$——各相电路的功率因数。

三相交流电路的总无功功率等于各相负载的无功功率之和,即

$$Q = Q_A + Q_B + Q_C \tag{4-14}$$
$$= U_A I_A \sin\phi_A + U_B I_B \sin\phi_B + U_C I_C \sin\phi_C$$

三相电路中总的视在功率不等于各相电路视在功率之和,即

$$S \neq S_A + S_B + S_C$$

在一般情况下,从交流电路的功率三角形可知电路的视在功率为:

$$S = \sqrt{P^2 + Q^2} \tag{4-15}$$

四、三相对称电路的功率

在三相交流电路中,如果三相负载是对称的,则三相电路的总有功功率等于每相负载上所消耗有功功率的 3 倍,即

$$P = 3P_p = 3U_p I_p \cos\phi \tag{4-16}$$

式中,ϕ——相电压 U_p 与相电流 I_p 之间的相位差。

在实际应用中,负载有星形和三角形两种连接方法,同时三相对称电路中的线电压和线电流的数值比较容易测量,所以希望用线电压和线电流来表示三相对称电路的功率。

当三相对称负载是星形连接时:

$$U_l = \sqrt{3} U_p, \quad I_l = I_p$$

当三相对称负载是三角形连接时:

$$U_l = U_p, \quad I_l = \sqrt{3} I_p$$

不论对称负载是星形连接还是三角形连接,消耗的总有功功率为:

$$P = \sqrt{3} U_l I_l \cos\phi \tag{4-17}$$

值得注意的是,式(4-21)中的 ϕ 角仍为相电压 U_p 与相电流 I_p 之间的相位差,即负载阻抗的阻抗角。

同理可得,三相对称电路的无功功率和视在功率分别为:

$$Q = 3U_p I_p \sin\phi = \sqrt{3} U_l I_l \sin\phi$$
$$S = 3U_p I_p = \sqrt{3} U_l I_l \tag{4-18}$$

应该指出,接在同一三相电源上的同一对称三相负载,当其连接方式不同时,其三相有功功率是不同的,接成三角形的有功功率是接成星形有功功率的 3 倍,即

$$P_\triangle = 3P_Y \tag{4-19}$$

例 4-7 有一三相对称感性负载,其中每相的 $R = 12\Omega$,$X_L = 16\Omega$,接在

$U_L = 380\text{V}$ 的三相电源上。若负载作星形连接时，计算 I_p、I_l、P；若负载改成三角形连接时，再计算上述各量，并比较两种接法的计算结果。

解：(1) 负载作星形连接时：

$$Z = \sqrt{R^2 + X_L^2} = \sqrt{12^2 + 16^2} = 20 \ (\Omega)$$

$$U_p = \frac{U_L}{\sqrt{3}} = \frac{380}{\sqrt{3}} = 220 \ (\text{V})$$

$$I_p = \frac{U_p}{Z} = \frac{220}{20} = 11 \ (\text{A})$$

$$I_l = I_p = 11 \ (\text{A})$$

$$\cos\phi = \frac{R}{Z} = \frac{12}{20} = 0.6$$

$$P_Y = \sqrt{3} U_l I_l \cos\phi = \sqrt{3} \times 380 \times 11 \times 0.6 = 4\ 344 \ (\text{W})$$

(2) 负载作三角形连接时：

$$U_p = U_l = 380\text{V}$$

$$I_p = \frac{U_p}{Z} = \frac{380}{20} = 19 \ (\text{A})$$

$$I_l = \sqrt{3} I_p = \sqrt{3} \times 19 = 33 \ (\text{A})$$

$$P_\triangle = (\sqrt{3} \times 380 \times 33 \times 0.6) = 13\ 032 \ (\text{W})$$

(3) 两种连接方法计算结果比较如下：

$$\frac{U_{\triangle p}}{U_{Yp}} = \frac{380}{220} = \sqrt{3}, \ U_{\triangle p} = \sqrt{3} U_{Y\triangle}$$

$$\frac{I_{\triangle p}}{I_{Yp}} = \frac{19}{11} = \sqrt{3}, \ I_{\triangle p} = \sqrt{3} I_{Yp}$$

$$\frac{I_{\triangle l}}{I_{Yl}} = \frac{33}{11} = 3, \ I_{\triangle l} = 3 I_{Yl}$$

$$\frac{P_\triangle}{P_Y} = \frac{13\ 032}{4\ 344} = 3, \ P_\triangle = 3 P_Y$$

例 4 - 8 线电压 U_l 为 380V 的三相电源上接有两组对称负载：一组是三角形连接的电感性负载，每相阻抗 $Z_\triangle = 36.3\angle 37°\Omega$；另一组是星形连接的电阻性负载，每相电阻 $R = 10\Omega$，如图 4 - 17 所示。试求：

(1) 各相负载的相电流；

(2) 电路的线电流；

(3) 三相电路的有功功率。

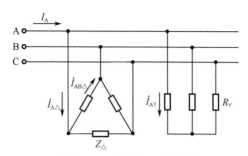

图 4-17 例 4-8 电路图

解：设线电压 $\dot{U}_{AB}=380\angle 0°$ V，则相电压 $\dot{U}_A=220\angle -30°$ V。

（1）由于三相负载对称，所以计算一相即可，其他两相可以推出。
对于三角形连接的负载，其相电流为：

$$\dot{I}_{AB\triangle}=\frac{\dot{U}_{AB}}{Z_\triangle}=\frac{380\angle 0°}{36.3\angle 37°}=10.47\angle -37°\text{（A）}$$

对于星形连接的负载，其相电流即为线电流：

$$\dot{I}_{AY}=\frac{\dot{U}_A}{R_Y}=\frac{220\angle -30°}{10}=22\angle -30°\text{（A）}$$

（2）先求三角形连接的电感性负载的线电流 $\dot{I}_{A\triangle}$。由图 4-17 可知，$I_{A\triangle}=\sqrt{3}I_{AB\triangle}$，且 $\dot{I}_{A\triangle}$ 较 $\dot{I}_{AB\triangle}$ 滞后30°，所以得出：

$$\dot{I}_{A\triangle}=10.47\sqrt{3}\angle (-37°-30°)=18.13\angle -67°\text{（A）}$$

由于 $\dot{I}_{AY}$ 与 $\dot{I}_{A\triangle}$ 相位不同，所以不能错误地把22A和18.13A相加作为电路的线电流，两者相量相加才是电路的线电流，即

$$\dot{I}_A=\dot{I}_{A\triangle}+\dot{I}_{AY}=18.13\angle -67°+22\angle -30°=38\angle -46.7°\text{（A）}$$

电路的线电流也是对称的。一相电压与电流的相量图如图 4-18 所示。

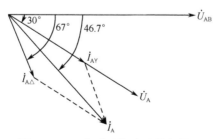

图 4-18 一相电压与电流的相量图

（3）三相电路的有功功率为：

$$P = P_\triangle + P_Y$$
$$= \sqrt{3}U_1 I_{A\triangle}\cos\phi_\triangle + \sqrt{3}U_1 I_{AY}$$
$$= \sqrt{3} \times 380 \times 18.13 \times 0.8 +$$
$$\sqrt{3} \times 380 \times 22 = 24\ 026\ (W)$$

练习与思考

一、填空题

（1）交流电流是指电流的大小和（　　　　）都随时间作周期性变化，且在一个周期内其平均电流为零的电流。

（2）正弦交流电的三要素是（　　　）、（　　　）、（　　　）。

（3）在我国工业及生活中使用的交流电频率是（　　　），周期为（　　　）。

（4）已知两个正弦交流电分别为 $i_1 = 10\sin(314t - 30°)$（A），$i_2 = 310\sin(314t + 90°)$（A），则 i_1 和 i_2 的相位差为（　　　），（　　　）超前（　　　）。

（5）正弦量的相量表示法，就是用复数的模数表示正弦量的（　　　），用复数的幅角表示正弦量的（　　　）。

（6）一正弦量的瞬时值为 $u = 10\sqrt{2}\sin(\omega t + \pi/4)$（V），则 u 的有效值为（　　　），初相位为（　　　），其有效值相量的极坐标式为（　　　）。

（7）在纯电阻正弦交流电路中，电压与电流的相位关系是（　　　）；在纯电感正弦交流电路中，电压与电流的相位关系是（　　　）；在纯电容正弦交流电路中，电压与电流的相位关系是（　　　）。

（8）在纯电感正弦交流电路中，当增大电源频率时，其他条件不变，则电路中的电流将（　　　）；在纯电容正弦交流电路中，当增大电源频率时，其他条件不变，则电路中的电流将（　　　）。

（9）在 RLC 串联电路中，当 $X_L > X_C$ 时，电路呈（　　　）性；当 $X_L < X_C$ 时，电路呈（　　　）性；当 $X_L = X_C$ 时，电路呈（　　　）性。

（10）由功率三角形写出单相正弦交流电路中 P、Q、S 与 ϕ 之间的关系式：$P =$（　　　），$Q =$（　　　），$S =$（　　　）。

（11）在供电设备输出的功率中，当视在功率 S 一定时，功率因数越低，有功功率就越（　　　），无功功率就越（　　　）。

（12）发生串联谐振的条件是（　　　）。

（13）若三个电动势的（　　　）相等，（　　　）相同，（　　　）互差120°，就称为对称三相电动势。

（14）在三相电路中，对称三相电源一般接成星形或（　　　　）两种特定的方式。

（15）在三相四线制系统中可获得两种电压，即（　　　　）和（　　　　）。

（16）当对称三相电源星形连接时，线电压 U_l 与相电压 U_p 的关系是（　　　　）；对称三相电源三角形连接时，线电压 U_l 与相电压 U_p 的关系是（　　　　）。

（17）在三相四线制电路中，每相负载两端的电压为负载的（　　　　），每相负载的电流称为（　　　　）。

（18）在星形连接的三相对称电路中，线电流有效值和相电流有效值的关系是（　　　　），线电流与相电流的相位关系是（　　　　）；在三角形连接的三相对称电路中，线电流有效值和相电流有效值的关系是（　　　　），线电流与相电流的相位关系是（　　　　）。

（19）某三相电动机接在三相电源中，若其额定电压等于电源的线电压，应作（　　　　）连接；若其额定电压等于电源线电压的 $1/\sqrt{3}$，应作（　　　　）连接。

（20）在三相对称电路中，若相电压和相电流分别用 U_p、I_p 表示，ϕ 表示每相负载的阻抗角，P_p 表示每相负载的平均功率，则总的平均功率 P 与 P_p 关系式是：P =（　　　　）。

二、判断题

（1）两个不同频率的正弦量可以求相位差。（　　）

（2）人们平时用的交流电压表所测出的数值是有效值。（　　）

（3）只能用频率这个物理量来衡量交流电变化快慢的程度。（　　）

（4）在正弦交流电路中，电压有效值能直接相加减。（　　）

（5）处于交流电路中的纯电阻获得的功率有正值也可能有负值。（　　）

（6）纯电容在交流电路中相当于断路。（　　）

（7）在电感和电容一定的情况下，频率越大感抗越大，容抗越小。（　　）

（8）在 RLC 交流电路中，各元件上的电压总是小于总电压。（　　）

（9）有功功率常用来表示电气设备上的容量。（　　）

（10）无功功率是指电源与电感、电容元件能量交换规模的大小。（　　）

（11）提高功率因数可以使发电设备容量得到充分的利用。（　　）

（12）谐振也可能发生在纯电阻电路中。（　　）

（13）若三个电压的频率相同、振幅相同，就称为三相电压。（　　）

（14）同一台发电机，作星形连接时的线电压等于作三角形连接时的线电压。（　　）

（15）在三相四线制供电线路中，中性线电流一定等于零。（　　）

（16）在三相四线制供电线路中，三根相线和一根中线上都必须安装熔断器。（　　）

（17）三相负载作星形连接无中性线时，线电压必不等于相电压的$\sqrt{3}$倍。（　　）

（18）对于三相对称电路的计算，仅需计算其中一相，即可推出其余两相。（　　）

（19）三相负载，无论是作星形或三角形连接，无论对称与否，其总功率均为 $P = \sqrt{3}U_lI_l\cos\phi$。（　　）

（20）在相同的线电压作用下，同一三相对称负载作三角形连接时所吸收的功率为星形连接时的$\sqrt{3}$倍。（　　）

三、简答题

（1）负载的功率因数低会引起哪些不良后果？

（2）什么是对称三相电源，它们是怎样产生的？

四、计算题

（1）已知 $u_1 = 220\sqrt{2}\sin(314t + 30°)$ V，$u_2 = 110\sqrt{2}\sin(314t + 30°)$ V，指出各正弦量的幅值、有效值、初相位、角频率、周期、频率以及两个正弦量之间的相位差。

（2）若 20Ω 的理想电阻接在一交流电压为 $u = 100\sqrt{2}\sin(\omega t + 30°)$ V 的电路中，试写出通过该电阻的电流瞬时值表达式，并计算电阻所消耗的功率 P。

（3）把一线圈接在 24V 的直流电源上，电流为 4A，若将它接到 50Hz、60V 的交流电源上，电流为 6A，求该线圈的电阻 R 和电感 L。

（4）将一个 $50\mu F$ 的电容器先后接在频率 $f = 50Hz$ 与 $f = 5\,000Hz$ 的交流电源上，电源电压均为 110V，试分别计算在上述两种情况下的容抗以及通过电容的电流和无功功率 Q。

（5）有一 RLC 串联电路，已知 $R = 500\Omega$，$L = 60mH$，$C = 0.053\mu F$，试计算电路的谐振频率 f_0。若电源电压为 100V，求谐振时的阻抗 Z_0 和电流 I_0 各为多少？

（6）把电阻 $R = 3\Omega$、感抗 $X_L = 4\Omega$ 的线圈接在 $U = 220V$ 的交流电路中，试求电流 I 和各元件电压的有效值 U_R、U_L 以及有功功率 P、无功功率 Q_L 和视在功率 S。

（7）在如图 4-19 所示的交流电路中，电流表 A_1 和 A_2 的读数分别为 $I_1 = 3A$，$I_2 = 4A$，

①$Z_1 = R$，$Z_2 = -jX_C$，求 A 表的读数；

②设 $Z_1 = R$，问 Z_2 为何种参数时，A 表的读数最大，并求此读数；

③设 $Z_1 = -jX_C$，问 Z_2 为何种参数时，A 表的读数最小，并求此读数。

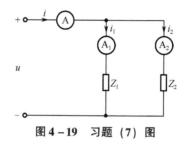

图 4-19　习题（7）图

（8）将一线圈接到 20V 的直流电压上，消耗的功率为 40W，若改接到 220V，$f = 50$Hz 的交流电压上，该线圈消耗的功率为 1 000W，求该线圈的电感 L。

（9）日光灯电路如图 4-20 所示，已知灯管电阻 $R = 520\Omega$，镇流器电感 $L = 1.8$H，镇流器电阻 $r = 80\Omega$，电源电压 $U = 220$V，求电路的电流、镇流器两端的电压 U_1、灯管两端的电压 U_2 和电路的功率因数（$f = 50$Hz）。

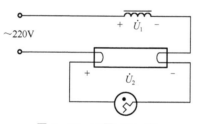

图 4-20　习题（9）图

（10）如图 4-21 所示，已知 $R_1 = 30\Omega$，$X_{L1} = 40\Omega$，$X_{C2} = 60\Omega$，$R_2 = 80\Omega$，电源电压 $u = 220\sqrt{2}\sin\omega t$V，试求 i_1、i_2 和 i，并作电压与电流的相量图。

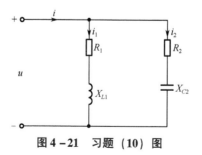

图 4-21　习题（10）图

（11）若两个阻抗串联接在电源电压 $u = 220\sqrt{2}\sin\omega t$V 的电源上，如图 4-22 所示。已知 $Z_1 = (3.5 + 10j)\ \Omega$，$Z_2 = (3.5 - 4j)\ \Omega$，试问：

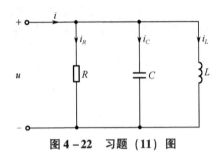

图4-22 习题(11)图

①电流 i 的瞬时值表达式；
②各电压的有效值 U_1、U_2；
③电路的性质；
④电路的有功功率 P 和无功功率 Q。

(12) 有一交流发电机，其额定容量 $S_N = 10\text{kVA}$，额定电压为220V，$f = 50\text{Hz}$，与一感性负载相连，负载的功率因数 $\cos\phi = 0.6$，有功功率 $P = 8\text{kW}$，试问：

①发电机的输出电流是否超过它的额定值？
②如果将 $\cos\phi$ 从0.6提高到0.9，应在负载两端并联多大的电容？功率因数提高后，发电机的容量是否有剩余？

(13) 有一三相对称负载，其每相的电阻 $R = 8\Omega$，感抗 $X_L = 6\Omega$。如果将负载连成星形并接于线电压 $U_1 = 380\text{V}$ 的三相电源上时，试求相电压、相电流及线电流的有效值。

项目五

基本电气控制电路的安装

任务一 点动控制电路的安装

知识链接 常用低压电器的结构及工作原理

低压电器是指用在交流50Hz、额定电压1 200V以下及直流额定电压1 500V以下的电路中,能根据外界的信号和要求,手动或自动地接通、断开电路,以实现对电路或电气设备的切换、控制、保护、检测和调节的工业电器。低压电器作为基本控制电器,广泛应用于输、配电系统和自动控制系统中,在工农业生产、交通运输和国防工业中起着极其重要的作用。目前,低压电器正朝着小型化、模块化、组合化和高性能化的方向发展。

一、低压电器的分类

1. 按用途分类

(1) 低压配电电器:包括刀开关、组合开关、熔断器和自动开关。

作用:低压配电电器对系统进行控制和保护,使当系统中出现短路电流时,其热效应不会损坏电器。

(2) 低压控制电器:包括接触器和控制继电器等。

作用:主要用于设备的电气控制系统中。

2. 按动作方式分类

(1) 自动切换电器:它依靠电器本身的参数变化或外来信号(如电流、电压、温度、压力、速度、热量等)自动完成接通、分断或使电动机启动、反向及停止等动作,如接触器和继电器等。

(2) 手控电器:它依靠外力(人力)直接操作来进行切换等动作,如按钮刀关和刀开关等。

二、常用低压电器

1. 刀开关

刀开关是一种手控电器，主要用来隔离电源或手动接通与断开交直流电路，也可用于不频繁接通与分断额定电流以下的负载，如小型电动机和电炉等。刀开关的外形、结构和符号如图5-1、图5-2所示。

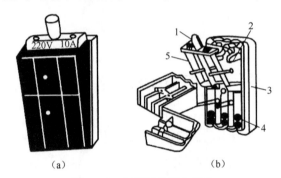

图5-1 刀开关外形和结构
（a）刀开关的外形；（b）刀开关的结构
1—瓷柄；2—静触点；3—瓷底；4—熔断丝接头；5—动触点

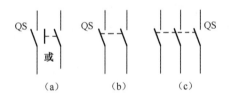

图5-2 刀开关的符号
（a）单极；（b）双极；（c）三极

HK系列的胶盖闸刀开关型号含义如图5-3所示。

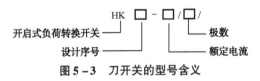

图5-3 刀开关的型号含义

刀开关的作用：主要用于不频繁地手动接通、断开电路和隔离电源。

刀开关的选用：对于照明和电热负载，可选用额定电压220V或250V、额定电流大于所有负载额定电流的开关；对于电动机的控制，可选用额定电流大于电动机额定电流3倍的开关。

安装和使用胶盖闸刀开关时应注意下列事项：

(1) 电源进线应接在静触点一边的进线端（进线座应在上方），用电设备应接在动触点一边的出线端。这样，当刀开关断开时，闸刀和熔体均不带电，从而保证更换熔体时的安全（上进下出）。

(2) 安装时，刀开关在合闸状态下手柄应该向上，不能倒装和平装，以防止闸刀松动落下时误合闸。

2. 按钮开关

按钮开关是一种短时接通或断开小电流电路的手控电器，常用于控制电路中发出启动、停止、正转或反转等指令。按钮开关通过控制继电器和接触器等的动作，从而控制主电路的通断。LA19 系列按钮开关的外形、结构和符号如图 5-4 所示。

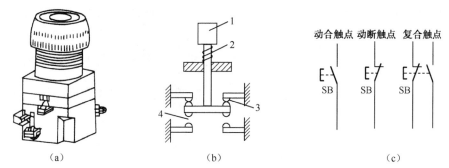

图 5-4　LA19 系列按钮开关的外形、结构和符号

(a) 外形；(b) 结构；(c) 符号
1—按钮帽；2—弹簧；3—动断触点；4—动合触点

动作情况：当用手按下按钮帽时，上面的动断（常闭）触点先断开，下面的动合（常开）触点后闭合。当松开按钮帽时，动触点自动复位，从而使得动合触点先断开，动断触点后闭合。

按钮开关的型号含义如图 5-5 所示。

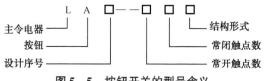

图 5-5　按钮开关的型号含义

不同结构形式的按钮开关，分别用不同的字母表示：如 K—开启式；S—防水式；H—保护式；F—防腐式；J—紧急式；X—旋钮式；Y—钥匙式；D—带指示灯式；DJ—紧急带指示灯式。

3. 组合开关

组合开关又称转换开关，其外形结构和符号如图 5-6 图、图 5-7 所示。组合开关实质上是一种特殊的刀开关，是操作手柄在与安装面平行的平面内左右转动的刀开关,只不过一般刀开关的操作手柄是在垂直安装面的平面内向上或向下转动,而组合开关的操作手柄则是平行于安装面的平面内向左或向右转动而已。组合开关多用在机床电气控制线路中,作为电源的引入开关,也可以用作不频繁地接通和断开电路、换接电源和负载以及用于控制5kW以下的小容量电动机的正反转和星-三角启动等。

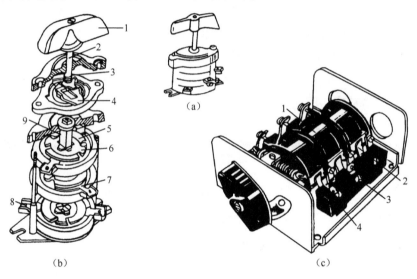

1—手柄;2—转轴;
3—弹簧;4—凸轮;5—绝缘垫板;
6—动触片;7—静触片;
8—接线柱;9—绝缘杆

1—动触点;2—静触点;
3—调节螺丝;4—触片压力弹簧

图5-6 组合开关的外形和结构

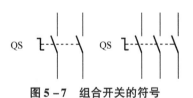

图5-7 组合开关的符号

HZ系列的组合开关型号含义如图5-8所示。

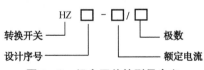

图5-8 组合开关的型号含义

4. 低压断路器

低压断路器又称自动空气开关，可分为塑壳式DZ系列（又称装置式）和框架式DW系列（又称万能式）两大类，如图5-9所示。低压断路器主要在电路正常工作条件下作为线路的不频繁接通和分断用，并在电路发生过载、短路及失压时能自动分断电路，它由触头系统、灭弧装置、脱扣机构、传动机构组成。

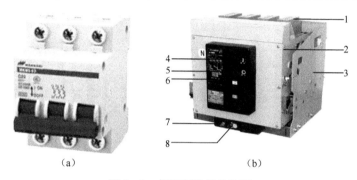

图5-9 低压断路器的外形

（a）装置式外形；（b）万能式外形

1—灭弧罩；2—开关本体；3—抽屉座；4—和闸按钮；5—分闸按钮；
6—智能脱扣器；7—摇匀柄插入位置；8—连接/试验/分离指示

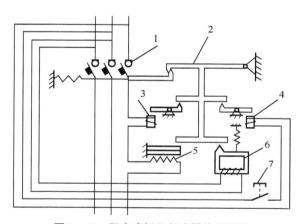

图5-10 塑壳式低压断路器的原理图

1—主触点；2—自由脱扣器；3—过电流脱扣器；
4—分励脱扣器；5—热脱扣器；6—失压脱扣器；7—按钮

工作原理：自动开关的自动分断是由过电流脱扣器、热脱扣器和欠压脱扣器完成的。当电路发生短路或过流故障时，过流脱扣器衔铁被吸合，使自由脱扣机构的钩子脱开，自动开关触头分离，从而能及时有效地切除高达数十倍额定电流的故障电流。当线路发生过载时，过载电流通过热脱扣器使触点断开，从而起到过载保护的作用。当电网电压过低或为零时,失压脱扣器的衔铁被释放,自由脱扣机构动作,使断路器触头分离,从而在过流与零压欠压时保证了电路及电路中设备的安全。根据不同的用途,自动开关可配备不同的脱扣器。

低压断路器的型号含义如图 5-11 所示。

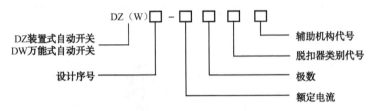

图 5-11　低压断路器的型号含义

5. 接触器

接触器是一种通用性很强的自动开关电器,是电力拖动和自动控制系统中重要的低压电器。它可以频繁地接通和断开交、直流主电路和大容量控制电路,它具有欠压释放保护和零压保护。接触器按通过其触点的电流种类不同可分为交流接触器(图 5-12、图 5-13)和直流接触器,交、直流接触器的工作原理基本相同。

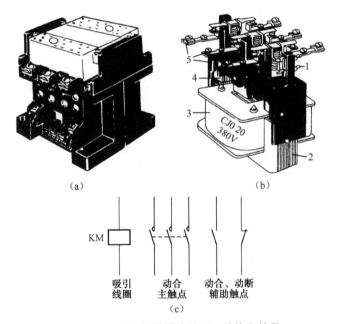

图 5-12　交流接触器的外形、结构和符号
(a) 外形;(b) 结构;(c) 符号
1—辅助触点;2—静铁芯;3—线圈;4—动铁芯;5—主触点

项目五　基本电气控制电路的安装　165

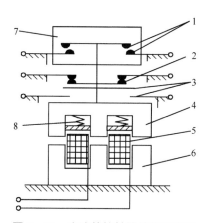

图 5-13　交流的接触器结构示意图

1—主触点；2—常闭辅助触点；3—常开辅助触点；4—动铁芯；
5—电磁线圈；6—静铁芯；7—灭弧罩；8—弹簧

工作原理：当线圈加额定电压时，衔铁吸合，常闭触点断开，常开触点闭合；当线圈电压消失时，触点恢复常态。为防止铁芯振动，需加短路环。短路环/接触器主要由触点系统（主触点、辅助触点、常开触点（动合触头）、常闭触点（动断触点））、电磁系统（动、静铁芯，吸引线圈和反作用弹簧）、灭弧系统（灭弧罩及灭弧栅片灭弧）组成。

接触器的选用：

（1）接触器的额定电压应大于或等于负载回路的额定电压。

（2）吸引线圈的额定电压应与所接控制电路的额定电压等级一致。

（3）额定电流应大于或等于被控主回路的额定电流。

常用交流接触器的型号含义如图 5-14 所示。

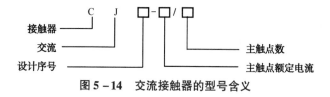

图 5-14　交流接触器的型号含义

6. 继电器

继电器主要用于控制和保护电路中，作信号转换用，它具有输入电路（又称感应元件）和输出电路（又称执行元件）。当感应元件中的输入量（如电流、电压、温度、压力等）变化到某一定值时继电器动作，然后执行元件便接通和断开控制回路。

继电器的分类：

按用途分：控制和保护继电器。
按动作原理分：电磁式、感应式、电动式、电子式、机械式继电器。
按输入量分：电流、电压、时间、速度、压力继电器。
按动作时间分：瞬时、延时继电器。
继电器的特点：额定电流不大于5A。
继电器的作用：控制、放大、互锁、保护和调节。

1）中间继电器

中间继电器实质上是一种电压继电器，其结构和工作原理与接触器相同。当其他继电器的触点数或触点容量不够时，可借助中间继电器来扩大它们的触点数或触点容量，从而起到中间转换的作用。中间继电器的外形和符号如图5-15所示。

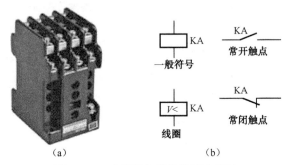

图5-15　中间继电器的外形和符号
(a) 外形；(b) 符号

2）热继电器

热继电器是利用电流的热效应原理来保护设备，使之免受长期过载的危害，主要用于电动机的过载保护、断相保护、三相电流不平衡运行的保护及其他电气设备发热状态的控制。热继电器主要由热元件、双金属片和触头及动作机构等部分组成，其外形、结构和符号如图5-16所示。

工作原理：热元件串联在被保护设备的电路中，过载时有较大的电流流过热元件，热元件烤热双金属片使其产生弯曲变形，当弯曲程度达到一定的幅度时，扣板在弹簧拉力的作用下带动牵引板，使热继电器的触点动作，其动断触点断开、动合触点闭合。一般需手动复位，其工作原理示意图如图5-17所示。

常用热继电器的型号含义如图5-18所示。

项目五　基本电气控制电路的安装　167

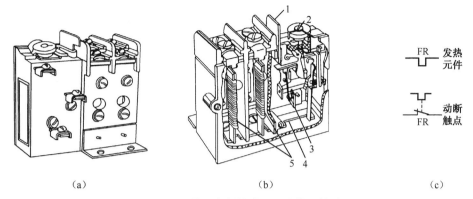

图 5-16　热继电器的外形、结构和符号
(a) 外形；(b) 结构；(c) 符号
1—复位按钮；2—整定电流调节装置；3—动断触点；4—动作机构；5—热元件

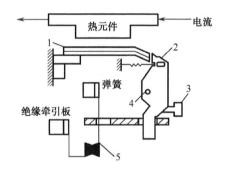

图 5-17　热继电器的工作原理示意图
1—双金属片；2—扣板；3—复位按钮；4—轴；5—触点

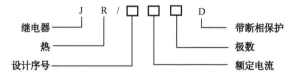

图 5-18　热继电器的型号含义

热继电器的保护形式：

二相式：装有两个热元件，串入三相电路中的两相，用于三相负载平衡的电路。

三相式：装有三个热元件，串入三相电路中的每一相，任意一相过载都动作。

注意：热继电器不适用于对电气设备（电动机）实现短路保护。

整定电流：整定电流是指长期运行而不动作的最大电流。当负载电流超过其 1.2 倍时，热继电器必须动作，这时可能对过外壳上的旋钮进行调整。选用时额定电流应大于保护电路的额定电流。星形连接的电动机应选用二相式或三相式；三角形连接的电动机应选用带断相保护装置的热继电器，且整定电流与电动机的额定电流相等。当频繁启动、正反转、启动时间长或带冲击性负载时，整定电流应为电动机额定电流的 1.1～1.15 倍。

3) 时间继电器

时间继电器是一种用来实现触点延时接通或断开的控制电器，其外形如图 5-19 所示。按其动作原理与构造的不同，它可分为电磁型、空气阻尼型、电动型和晶体管型等类型；按延时方式不同，它可分为通电延时型和断电延时型（图 5-20）。机床控制线路中应用较多的是空气阻尼型时间继电器，目前晶体管式时间继电器也获得了越来越广泛

图 5-19 时间继电器外形

的应用。时间继电器的文字符号为 KT。时间继电器的符号如图 5-21 所示。

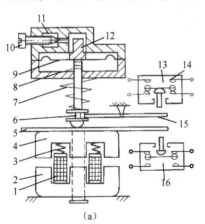 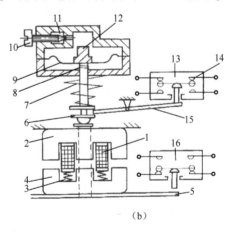

(a) (b)

图 5-20 时间继电器的原理示意图

(a) 通电延时型；(b) 断电延时型

1—线圈；2—静铁芯；3、7—弹簧；4—衔铁；5—推板；6—顶杆；8—弹簧；9—橡皮膜；
10—螺钉；11—进气孔；12—活塞；13、16—微动开关；14—延时触点；15—杠杆

项目五 基本电气控制电路的安装 169

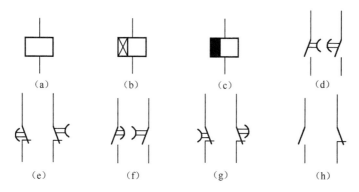

图 5-21 时间继电器的符号
(a) 线圈一般符号；(b) 通电延时线圈；(c) 断电延时线圈；
(d) 通电延时闭合动合（常开）触点；(e) 通电延时断开动断（常闭）触点；
(f) 断电延时断开动合（常开）触点；(g) 断电延时闭合动断（常闭）触点；(h) 瞬动触点

4）速度继电器

速度继电器是根据电磁感应原理制成的，可用于转速的检测。如在三相交流异步电动机反接制动转速过零时，速度继电器可用来自动断开反相序电源。速度继电器常用于铣床和镗床的控制电路中，主要作用是根据速度的大小通断电路。动作转速大于 120r/min，复位转速小于 100r/min，文字符号为 KS。速度继电器的原理和符号如图 5-22 所示。

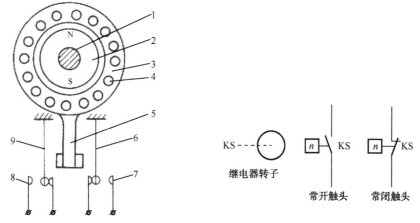

图 5-22 速度继电器的原理和符号
1—转轴；2—转子；3—定子；4—绕组；5—摆锤；6、9—簧片；7、8—静触点

7. 熔断器

熔断器的结构一般分成熔体座和熔体等部分，熔断器是串联在被保护电路

中的。当电路电流超过一定值时,熔体因发热而熔断,使电路被切断,从而起到保护作用。熔体的热量与通过熔体的电流的平方及持续通电时间成正比。所以当电路短路时,电流很大,熔体会急剧升温,立即熔断;当电路中的电流值等于熔体的额定电流时,熔体不会熔断。因此,熔断器可用于短路保护。由于熔体在用电设备过载时所通过的过载电流能积累热量,所以当用电设备连续过载一定时间后熔体积累的热量也能使其熔断,因此熔断器也可用作过载保护。常见的熔断器外形如图 5 - 23 所示。

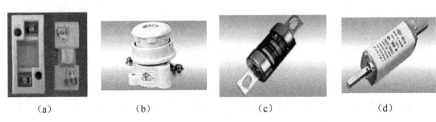

(a)　　　　　(b)　　　　　(c)　　　　　(d)

图 5 - 23　熔断器外形

(a) 瓷插式;(b) 螺旋式;(c) 无填料密封管式;(d) 有填料密封管式

1) 瓷插式熔断器

瓷插式熔断器具有结构简单、价格低廉、更换熔丝方便等优点。它由瓷座、瓷盖、静触点、动触点和熔丝组成,如图 5 - 24 所示。

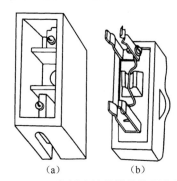

(a)　　　(b)

图 5 - 24　瓷插式熔断器结构示意图

2) 螺旋式熔断器

螺旋式熔断器具有熔断快、分断能力强、体积小、结构紧凑、更换熔丝方便、安全可靠和熔丝断后标志明显等优点。它主要由瓷帽、熔体、瓷套、上下接线桩及底座等组成,如图 5 - 25 所示。

熔断器的符号如图 5 - 26 所示。

常用熔断器的型号含义如图 5 - 27 所示。

项目五　基本电气控制电路的安装　171

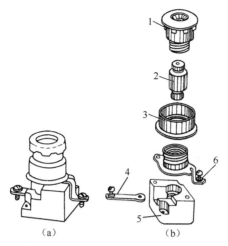

图 5-25　螺旋式熔断器结构示意图
1—瓷帽；2—熔体；3—瓷套；4—下接线端；5—底座；6—上接线端

图 5-26　熔断器的符号

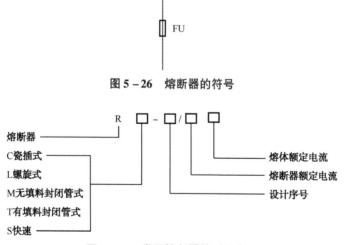

图 5-27　常用熔断器的型号含义

熔断器的选用：
（1）熔断器的额定电压要大于或等于电路的额定电压。
（2）熔断器的额定电流要依据负载的情况而选择。
①对于电阻性负载或照明电路，这类负载启动过程很短，运行电流较平稳，一般按负载额定电流的 1~1.1 倍选用熔体的额定电流，进而选定熔断器的额定电流；
②对于电动机等感性负载，其启动电流为额定电流的 4~7 倍，一般选择

熔体的额定电流为电动机额定电流的 1.5~2.5 倍。这样，熔断器就难以起到过载保护的作用，只能用作短路保护，而过载保护只有应用热继电器才行。对于电动机，要求 I_{FU} = （1.5~2.5）I_{max} + I_{XT}（式中，I_{FU}——熔体额定电流 (A)，I_{max}——最大一台电动机的额定电流 (A)）。

8. 行程开关

行程开关又称限位开关或位置开关，其作用和原理与按钮开关相同，只是其触头的动作不是靠手动操作，而是利用生产机械某些运动部件的碰撞使其触头动作。行程开关触点通过的电流一般也不超过 5A。行程开关有多种构造形式，常用的有按钮式（直动式）和滚轮式（旋转式），其中滚轮式又分为单滚轮式和双滚轮式两种。行程开关的外形、符号及工作原理如图 5-28 所示。

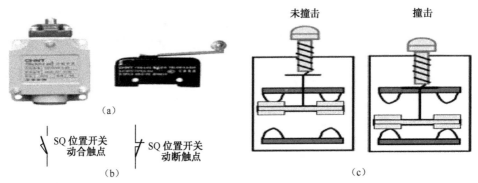

图 5-28 行程开关的外形、符号及工作原理
(a) 外形；(b) 符号；(c) 工作原理

LX 系列行程开关的型号含义如图 5-29 所示。

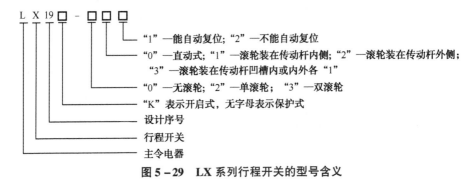

图 5-29 LX 系列行程开关的型号含义

典型任务实施——CJT1-10型交流接触器的拆装

一、实施目标

（1）熟悉交流接触器的基本结构，并了解各组成部分的作用。
（2）掌握交流接触器的拆卸和组装方法。
（3）学会用万用表检测交流接触器。

二、实施器材

钢丝钳、尖嘴钳、螺丝刀、镊子等电工工具，万用表1块、交流接触器1只。

三、实施内容与步骤

1. 拆卸
（1）卸下灭弧罩；
（2）拉紧主触点，定位弹簧夹，将主触点侧转45°后，取下主触点和压力弹簧片；
（3）松开辅助常开静触点的螺钉，卸下常开静触点；
（4）用手按压底盖板，并卸下螺钉；
（5）取出静铁芯和静铁芯支架及缓冲弹簧；
（6）拔出线圈弹簧片，取出线圈；
（7）取出反作用弹簧；
（8）取出动铁芯和塑料支架，并取出定位销。

2. 装配
（1）安装动铁芯；
（2）安装支架上的动铁芯定位销；
（3）安装衔铁和支架；
（4）安装反作用弹簧；
（5）安装线圈并将接线端的弹簧夹片接好；
（6）安装缓冲弹簧及静铁芯支架；
（7）安装静铁芯及底座；
（8）安装常开静触点、主触点及触点压力弹簧片；
（9）检查。

3. 注意事项
（1）拆卸时应按顺序摆放，以免丢失；

(2) 对动触点、电磁系统、灭弧进行检查；

(3) 接触器组装后，在装灭弧罩时，应用手压下动触头，观察接触器的动作是否灵活；

(4) 根据接触器接头线圈的额定电压通入相应的电压，并观察接触器动作是否可靠。

四、质量评价标准

表5-1 交流接触器拆卸评分表

项 目	配 分	评分标准	得 分
交流接触器拆卸	30	(1) 拆卸步骤正确 (2) 拆卸方法正确 (3) 工具使用正确	5分 5分 5分
交流接触器组装	40	(1) 装配步骤正确 (2) 装配方法正确	15分 15分
实训报告	10	按照报告要求完成，内容正确	10分
团结协作精神	10	小组成员分工协作明确，能积极参与	10分
安全文明生产	10	安全文明生产	5~10分

练习与思考

1. 写出下列电器的作用、图形符号和文字符号：

(1) 熔断器；

(2) 按钮开关；

(3) 交流接触器；

(4) 热继电器；

(5) 时间继电器；

(6) 速度继电器。

2. 在电动机的控制线路中，熔断器和热继电器能否相互代替？为什么？

3. 简述交流接触器在电路中的作用、结构和工作原理。

4. 自动空气开关有哪些脱扣装置？各起什么作用？

5. 如何选择熔断器？

6. 将线圈电压为220V的交流接触器误接入220V的直流电源上，或将线圈电压为220V的直流接触器误接入220V的交流电源上，各会产生什么后果？为什么？

7. 带有交流电磁铁的电器如果衔铁吸合不好（或出现卡阻）会产生什么问题？为什么？

8. 电动机的启动电流很大，启动时热继电器应该动作吗？为什么？

9. 什么是旋转磁场？旋转磁场的转速和旋转方向取决于什么？

10. 目前，国产电风扇的单相异步电动机属于（　　）。
    A. 单相罩极式　　　　　　B. 电容启动
    C. 单相电容运转　　　　　D. 单相串激

11. 单相异步电动机通入单相交流电所产生的磁场是（　　）。
    A. 旋转磁场　　　　　　　B. 单相脉动磁场
    C. 恒定磁场　　　　　　　D. 单相磁场

12. 单相笼型异步电动机的工作原理与（　　）相同。
    A. 单相变压器　　　　　　B. 三相笼型异步电动机
    C. 交流电焊变压器　　　　D. 直流电动机

13. 单相电容式异步电动机的电容器应（　　）。
    A. 与工作绕组串联　　　　B. 与工作绕组并联
    C. 与启动绕组串联　　　　D. 与启动绕组并联

14. 某三相异步电动机的额定转速 $n_N = 575 \text{r/min}$，电源频率 $f = 50\text{Hz}$，求电动机的磁极对数 P 和额定转差率 s_N。

15. 某三相异步电动机的极对数为 P，从空载到满载时转差率由 0.6% 变到 4%。已知电源频率为 50Hz，问电动机的转速应该怎么变？

任务二　自锁控制电路的安装

知识链接一　电气控制识图的基本知识

一、电工用图的分类及其作用

在电气控制系统中，首先是由配电器将电能分配给不同的用电设备，然后再由控制电器使电动机按设定的规律运转，从而实现由电能到机械能的转换，满足不同生产机械的要求。在电工领域进行安装和维修都要依靠电气控制原理图和施工图，其中电气控制施工图又包括平面布置图和接线图。电工用图的分类及作用见表 5-2。

表5-2 电工用图的分类及作用

电工用图		概念	作用	图中内容
电气控制图	原理图	是用国家统一规定的图形符号、文字符号和线条连接来表明各个电器的连接关系和电路工作原理的示意图,如图5-30所示	是分析电气控制原理、绘制及识读电气控制接线图和电器元件位置图的主要依据	电气控制线路中包含电器元件、设备、线路的组成及连接关系
电气控制图	施工图 平面布置图	是根据电气元件在控制板上的实际安装位置,采用简化的外形符号(如方形等)而绘制的一种简图,如图5-31所示	主要用于电气元件的布置和安装	电气控制线路中含项目代号、端子号、导线号、导线类型、导线截面等。
电气控制图	施工图 接线图	是用来表明电器设备或线路连接关系的简图,如图5-32所示	是安装接线、线路检查和线路维修的主要依据	电气控制线路中含元器件及其排列位置以及各元器件之间的接线关系

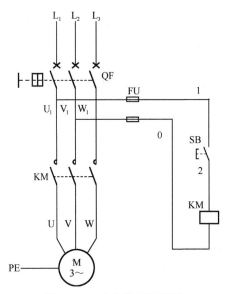

图5-30 电气控制原理图

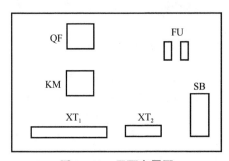

图5-31 平面布置图

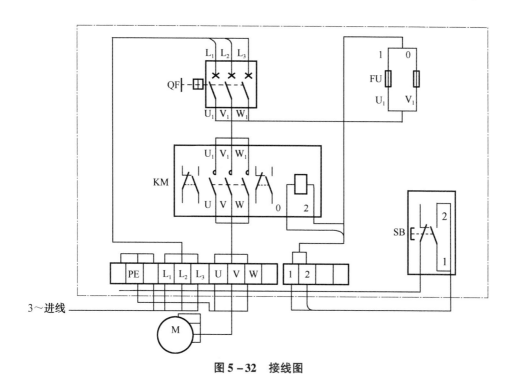

图 5-32 接线图

电气控制图是电气工程技术的通用语言，为了便于信息交流与沟通，在电气控制线路中，各种电气元件的图形符号和文字符号必须统一，即符合国家强制执行的国家标准。我国颁布了 GB 4728—1984《电气图用图形符号》、GB 6988—1987《电气制图》、GB 7159—1987《电气技术中的文字符号制订通则》、GB 5226—1985《机床电气设备通用技术条件》、GB/T 6988—1997《电气技术通用文件的编制》等。

二、读图的方法和步骤

电路和电气设备的设计、安装、调试与维修都要有相应的电气线路图作为依据或参考。电气线路图是根据国家标准，按照规定的画法绘制出的图形。

1. 电气线路图中常用的图形符号和文字符号

要识读电气线路图，必须首先明确电气线路图中常用的图形符号和文字符号所代表的含义，这是看懂电气线路图的前提和基础。

（1）基本文字符号。基本文字符号又分单字母文字符号和双字母文字符号两种。单字母文字符号按拉丁字母的顺序将各种电气设备、装置和元器件划分为23类，每一大类电器用一个专用的单字母文字符号来表示，如"K"表示继电器、接触器类，"R"表示电阻器类。当单字母文字符号不能满足要求时，需要将大类进一步划分，以便更为详尽地表述某一种电气设备、装置和元器件时能采用双字母文字符号。双字母文字符号由一个表示种类的单字母文字符号与另一个字母组成，组合形式为单字母文字符号在前，另一个字母在后，如"F"表示保护器件类，而"FU"表示熔断器，"FR"表示热继电器。

（2）辅助文字符号。辅助文字符号可用来表示电气设备、装置、元器件及线路的功能、状态和特征，如"DC"表示直流，"AC"表示交流。辅助文字符号也可放在表示类别的单字母文字符号后面组成双字母文字符号，如"KT"表示时间继电器等。另外，辅助文字符号也可单独使用，如"ON"表示接通，"N"表示中线等。

2. 电气原理图的绘制和阅读方法

电气原理图是用于描述电气控制线路的工作原理以及各电器元件的作用和相互关系，而不考虑各电路元件实际的位置和实际连线情况的图。绘制和阅读电气原理图，一般应遵循以下规则：

（1）原理图一般由主电路、控制电路和辅助电路三部分图形组成。主电路是指从电源到电动机绕组的大电流通过的路径；控制电路是指控制主电路工作状态的电路；辅助电路包括信号电路、照明电路及保护电路等。其中信号电路是指显示主电路工作状态的电路；照明电路是指实现机械设备局部照明的电路；保护电路是指实现对电动机进行各种保护的电路。控制电路和辅助电路一般由继电器的线圈和触点、接触器的线圈和触点、按钮开关、照明灯、信号灯、控制变压器等电气元件组成，且这些电路通过的电流都较小。一般主电路用粗实线表示，画在左边（或上部），电源电路画成水平线，三相交流电源相序 L_1、L_2、L_3 由上而下依次排列画出，经电源开关后用 U、V、W 或 U、V、W 后加数字标志。中线 N 和保护地线 PE 画在相线之下，而直流电源则是正端在上、负端在下画出；辅助电路用细实线表示，画在右边（或下部）。

（2）在原理图中，所有的电气元件都采用国家标准规定的图形符号和文字符号来表示。属于同一电器的线圈和触点，要用同一文字符号来表示。当使用相同类型的电器时，可在文字符号后加注阿拉伯数字序号来区分，例如两个接触器用 KM_1、KM_2 表示，或用 KM_F、KM_R 表示。

（3）在原理图中，同一电器的不同部件，常常不绘在一起，而是绘在它们各自完成作用的地方。例如接触器的主触点通常绘在主电路中，而吸引线圈和辅助触点则绘在控制电路中，但它们都用 KM 表示。

（4）在原理图中，所有的电器触点都按没有通电或没有外力作用时的常态绘出。如继电器、接触器的触点，按线圈未通电时的状态绘出；按钮开关、行程开关的触点按不受外力作用时的状态绘出等。

(5) 在原理图中，在表达清楚的前提下，应尽量减少线条，并尽量避免交叉线的出现。当两线交叉连接时，需用黑色实心圆点表示；当两线交叉不连接时，需用空心圆圈表示。

(6) 在原理图中，无论是主电路还是辅助电路，各电气元件一般应按动作的顺序从上到下，从左到右依次排列，可水平或垂直布置。

(7) 在原理图中为了查线方便。两条以上导线的电气连接处要画一圆点，且每个接点处要标一个编号，标记编号的原则是：靠近左边电源线的用单数标注，靠近右边电源线的用双数标注，且通常都是以电器的线圈或电阻作为单、双数的分界线，所以电器的线圈或电阻应尽量放在各行的一边（左边或右边）。

在阅读电气原理图之前，必须对控制对象要有所了解，尤其对于机、液（或气）、电配合得比较密切的生产机械，单凭电气线路图往往是不能完全看懂其控制原理的，只有在了解了有关的机械传动和液（气）压传动后，才能搞清全部的控制过程。

阅读电气原理图的步骤：一般先看主电路，再看控制电路，最后看信号及照明等辅助电路。先看主电路有几台电动机，各有什么特点，例如是否有正、反转，采用什么方法启动，有无制动等；看控制电路时，一般从主电路的接触器入手，按动作的先后次序（通常自上而下）一个一个分析，搞清楚它们的动作条件和作用；最后再看控制电路，控制电路一般都由一些基本环节组成，阅读时可把它们分解出来，以便于分析。此外，还要看有哪些保护环节。

知识链接二　基本控制线路的装接步骤和工艺要求

一、电气控制线路的安装工艺及要求

(1) 安装前应检查各元件是否良好；
(2) 安装元件不能超出规定范围；
(3) 导线可用单股线（硬线）或多股线（软线）连接。当用单股线连接时，要求连线横平竖直，沿安装板走线，尽量少出现交叉线，且拐角处应为直角。布线要美观、整洁、便于检查。当用多股线连接时，安装板上应搭配有行线槽，且所有连线都沿线槽内走线；
(4) 导线线头的裸露部分不能超过2mm；
(5) 每个接线柱不允许超过两根导线，且导线与元件的连接要接触良好，以减小接触电阻；

(6) 导线与元件的连接处是螺丝的,且导线线头要沿顺时针方向绕线。

二、安装电气控制线路的方法和步骤

在安装电动机控制线路时,必须按照有关的技术文件执行。电动机控制线路的安装步骤和方法如下:

(1) 阅读原理图。明确原理图中的各种元器件的名称、符号和作用,理清电路图的工作原理及其控制过程。

(2) 选择组件。根据电路原理图选择组件并进行检验,包括选择组件的型号、容量、尺寸、规格和数量等。

(3) 配齐需要的工具、仪表和合适的导线。按控制电路的要求配齐工具和仪表,按照控制对象选择合适的导线,包括选择类型、颜色、截面积等。电路 U、V、W 三相用黄色、绿色、红色导线,中线用黑色导线,保护接地线必须采用黄绿双色导线。

(4) 安装电气控制线路。根据电路的原理图、接线图和平面布置图,对所选的组件(包括接线端子)进行安装接线。在安装过程中,要注意组件上相关触点的选择,区分常开、常闭、主触点、辅助触点;控制板的尺寸应根据电器的安排情况而决定;导线线号的标志应与原理图和接线图相符合;在每一根连接导线的线头上必须套上标有线号的套管,且位置应接近端子处。线号编制的方法如下:

①主电路。三相电源按相序自上而下编号为 L_1、L_2、L_3;经过电源开关后,在出线端子上按相序依次编号为 U_{11}、V_{11}、W_{11}。主电路中的各支路,应从上至下、从左至右,每经过一个电气元件的线桩后,编号要递增,如 U_{11}、V_{11}、W_{11},U_{12}、V_{12}、W_{12}…单台三相交流电动机(或设备)的三根引出线按相序依次编号为 U、V、W(或用 U_1、V_1、W_1 表示),而对于多台电动机引出线的编号,为了不引起误解和混淆,可在字母前加数字来区别,如 1U、1V、1W,2U、2V、2W…

②控制电路与照明、指示电路。应从上至下、从左至右,逐行用数字来依次编号,每经过一个电气元件的接线端子,编号要依次递增。

(5) 连接电动机及保护接地线、电源线及控制电路板外部的连接线。

(6) 线路的静电检测。包括学生自测和互测,以及老师检查。

(7) 通电试车。

(8) 结果评价。

三、电气控制线路安装时的注意事项

(1) 不触摸带电部件,严格遵守"先接线后通电,先接电路部分后接电源部分；先接主电路，后接控制电路，再接其他电路；先断电源后拆线"的操作程序。

（2）接线时，必须先接负载端，后接电源端；先接接地端，后接三相电源相线。

（3）当发现异常现象（如发响、发热、焦臭）时，应立即切断电源，保持现场，并报告指导老师。

（4）注意仪器设备的规格、量程和操作程序，做到不了解性能和用法时，不随意使用设备。

四、通电前的检查

电气控制线路安装好后，在接电源前应进行如下项目的检查：
（1）各个元件的代号、标记是否与原理图上的一致且齐全；
（2）各种安全保护措施是否可靠；
（3）电气控制线路是否满足原理图所要求的各种功能；
（4）各个电气元件的安装是否正确和牢靠；
（5）各个接线端子是否连接牢固；
（6）布线是否整齐并符合要求；
（7）各个按钮、信号灯罩和各种电路绝缘导线的颜色是否符合要求；
（8）电动机的安装是否符合要求；
（9）保护电路的导线连接是否正确和牢固可靠；
（10）查电气线路的绝缘电阻是否符合要求。

其方法是：短接主电路、控制电路和信号电路，用500V的兆欧表进行测量。与保护电路导线之间的绝缘电阻不得小于5MΩ。当控制电路或信号电路不与主电路连接时，应分别测量主电路与保护电路、主电路与控制电路和信号电路、控制电路和信号电路与保护电路之间的绝缘电阻。

五、空载例行试验

通电前应检查所接电源是否符合要求。通电后应先点动，然后验证电气设备的各个部分的工作是否正确和操作顺序是否正常，特别要注意验证急停器件的动作是否正确。验证时，如有异常情况，必须立即切断电源后查明原因。

六、负载形式试验

在正常负载下连续运行，验证电气设备的所有部分运行的正确性，特别要验证电源中断和恢复时是否会危及人身安全及损坏设备。同时还要验证全部器件的温升是否超过规定的允许温升,以及在有载情况下验证急停器件是否仍然安全有效。

知识链接三　三相异步电动机的启停控制

一、三相异步电动机的点动控制线路

点动控制是指当需要电动机做短时断续的工作时,只要按下按钮电动机就转动,松开按钮电动机就停止动作的控制。当进行点动控制时,可以将点动按钮直接与接触器的线圈串联,电动机的运行时间由按钮按下的时间决定。点动控制线路是用按钮和接触器来控制电动机运转的最简单的正转控制线路,生产机械在进行试车和调整时通常要求进行点动控制,如工厂中使用的电动葫芦,机床快速移动装置,龙门刨床横梁的上、下移动,摇臂钻床立柱的夹紧与放松,桥式起重机吊钩和大车运行的操作控制等都需要进行点动控制。

1. 点动控制的原理图

点动控制电路由电源开关 QS、熔断器 FU、按钮 SB、接触器 KM 和电动机 M 组成,其结构图和原理图分别如图 5 – 33、图 5 – 34 所示。

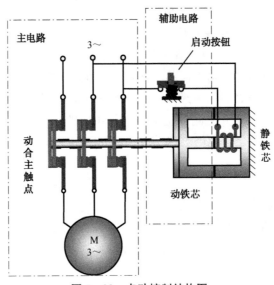

图 5 – 33　点动控制结构图

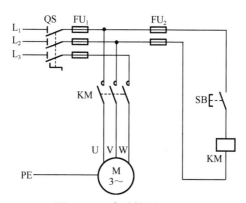

图 5-34 点动控制原理图

想一想：点动？连续运行怎么办？

在图 5-34 的电路中，点动控制的主要原理是：当按下按钮 SB 时，交流接触器的线圈 KM 得电，从而使接触器的主触点闭合，使三相电进入电动机的绕组，驱动电动机 M 转动。当松开按钮 SB 时，交流接触器的线圈失电，从而使接触器的主触点断开，电动机的绕组由于断电而停止转动。实际上，这里的交流接触器代替了闸刀或组合开关使主电路闭合和断开的功能。

2. 点动控制的动作过程

（1）启动：先合上电源开关 QS，然后按下按钮 SB→交流接触器 KM 线圈得电→KM 主触点闭合→电动机 M 转动。

（2）停止：松开按钮 SB→交流接触器 KM 线圈失电→KM 主触点断开→电动机 M 停止。

3. 电动机的转动特点

当按下 SB 时，电动机转动；当松开 SB 时，电动机停止转动，即点一下按钮 SB，电动机转动一下，所以称之为点动控制。

二、三相异步电动机的单方向连续控制线路

生产机械连续运转是最常见的形式，但这要求拖动生产机械的电动机能够长时间运转。三相异步电动机自锁控制是指按下按钮 SB_2，电动机转动之后，再松开按钮 SB_2，电动机仍保持转动。其主要原因是，交流接触器的辅助触点能维持交流接触器的线圈长时间得电，从而使得交流接触器的主触点长时间闭合，电动机能长时间转动。这种控制一般应用在长时间连续工作的电动机中，如车床和砂轮机等。

1. 单方向连续控制的结构图和原理图

在点动控制电路中加自锁（保）触点 KM，则可对电动机实行连续运行

控制。电路的工作原理：在电动机点动控制电路的基础上给启动按钮 SB_2 并联一个交流接触器的常开辅助触点，以使得交流接触器的线圈通过其辅助触点能进行自锁。当松开按钮 SB_2 时，由于接在按钮 SB_2 两端的 KM 常开辅助触点闭合自锁，所以控制回路仍保持通路，电动机 M 仍能继续运转。单方向连续控制的结构图和原理图分别如图 5-35、图 5-36 所示。

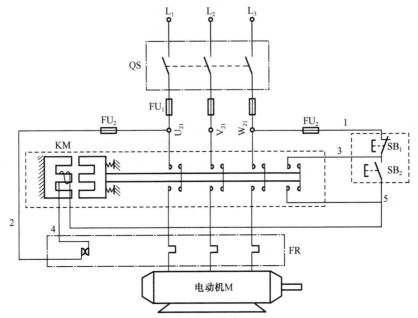

图 5-35　单方向连续控制的结构图

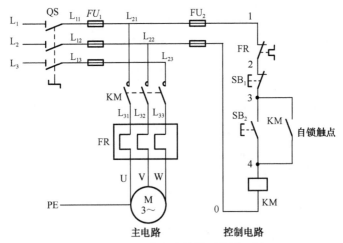

图 5-36　单方向连续控制的原理图

想一想：点动 + 连续运行怎么办？

2. 单方向连续控制的动作过程

先合上电源开关 QS。

（1）启动运行。按下按钮 SB_2→KM 线圈得电→KM 主触点和自锁触点闭合→电动机 M 启动连续正转。

（2）停车。按停止按钮 SB_1→控制电路失电→KM 主触点和自锁触点分断→电动机 M 失电停转。

（3）过载保护。当电动机在运行过程中，由于过载或其他原因，使负载电流超过额定值时，经过一定时间，串接在主回路中的热继电器 FR 的热元件双金属片受热弯曲，推动串接在控制回路中的常闭触点断开，切断控制回路，所以使接触器 KM 的线圈断电，主触点断开，电动机 M 停转，从而达到过载保护的目的。

三、三相异步电动机单方向点动与连续混合控制的控制电路

1. 单方向点动与连续混合控制线路的原理图

在生产实践过程中，机床设备正常工作需要电动机连续运行，而试车和调整刀具与工件的相对位置时，又要求"点动"控制。因此，生产加工工艺要求控制电路既能实现"点动控制"，又能实现"连续运行"。

用途：试车、检修以及车床主轴的调整和连续运转等。

方法一：用开关，如图 5 - 37（a）所示。

方法二：用复合按钮，如图 5 - 37（b）所示。

方法三：用中间继电器，如图 5 - 37（c）所示。

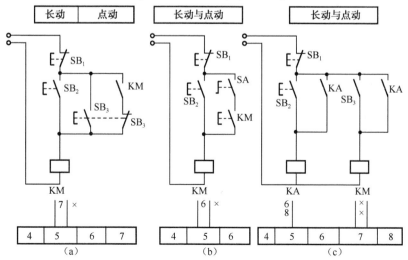

图 5 - 37　单方向点动与连续混合控制的电路原理图

其主电路和单方向连续控制电路相同。

2. 用复合按钮实现单方向点动与连续混合控制的过程

如图 5-37（a）所示，先合上电源开关 QS，点动控制、长动控制和停止的工作过程如下：

（1）点动控制。按下按钮 $SB_3 \to SB_3$ 常闭触点先分断（KM 辅助触点断开）。SB_3 常开触点后闭合（KM 辅助触点闭合）→KM 线圈得电→KM 主触点闭合→电动机 M 启动运转。

松开按钮 $SB_3 \to SB_3$ 常开触点先恢复分断→KM 线圈失电→KM 主触点断开（KM 辅助触点断开）后 SB_3 常闭触点恢复闭合→电动机 M 停止运转，从而实现点动控制。

（2）长动控制。按下按钮 $SB_2 \to$ KM 线圈得电→KM 主触点闭合（KM 辅助触点闭合）→电动机 M 启动运转，从而实现长动控制。

（3）停止。按下停止按钮 $SB_1 \to$ KM 线圈失电→KM 主触点断开→电动机 M 停止运转。

关键：断开自锁，实现点动；接通自锁，实现连续运转。

3. 单方向点动与连续混合控制线路的优缺点

线路简单，但动作不够可靠。

请读者自行分析图 5-37（b）和图 5-37（c）的工作过程。

任务三　正反转控制电路的安装

知识链接一　电气控制系统的保护环节

电动机在运行的过程中，除能按生产机械的工艺要求完成各种正常的运转外，还必须在线路出现短路、过载、欠压和失压等现象时，能自动切断电源停止转动，从而防止和避免电气设备和机械设备的损坏事故，保证操作人员的人身安全。常用的电动机保护有短路保护、过载保护、欠压保护和失压保护等。

一、短路保护

当电动机绕组和导线的绝缘损坏时，或者控制电器及线路发生故障时，线路将出现短路现象，产生很大的短路电流，使电动机、电器和导线等电器设备严重损坏。因此，在发生短路故障时，保护电器必须立即动作，迅速将电源切断。

常用的短路保护电器是熔断器和自动空气断路器。熔断器的熔体与被保护的电路串联,当电路正常工作时,熔断器的熔体不起作用,相当于一根导线,其上面的压降很小,可忽略不计。当电路短路时,会有很大的短路电流流过熔体,使熔体立即熔断,从而切断了电动机电源,电动机停转。同样,若电路中接入自动空气断路器,则当出现短路时,自动空气断路器会立即动作,切断电源,使电动机停转。

二、过载保护

当电动机负载过大,启动操作频繁或缺相运行时,会使电动机的工作电流长时间超过其额定电流,电动机绕组过热,温升超过其允许值,从而导致电动机的绝缘材料变脆,寿命缩短,严重时会使电动机损坏。因此,当电动机过载时,保护电器应立即动作,切断电源,使电动机停转,以避免电动机在过载下运行。

常用的过载保护电器是热继电器。当电动机的工作电流等于额定电流时,热继电器不动作,电动机正常工作;当电动机短时过载或过载电流较小时,热继电器不动作,或经过较长时间才动作;当电动机过载电流较大时,串接在主电路中的热元件会在较短的时间内发热弯曲,使串接在控制电路中的常闭触点断开,先后切断控制电路和主电路的电源,从而使电动机停转。

三、欠压保护

当电网电压降低时,电动机便在欠压下运行。由于电动机负载没有改变,所以欠压下电动机转速减小,定子绕组中的电流增加。但电流增加的幅度尚不足以使熔断器和热继电器动作,所以这两种电器起不到保护作用。如不采取保护措施,时间一长将会使电动机过热损坏。另外,欠压将引起一些电器释放电火花,使电路不能正常工作,也可能导致人身伤害和设备损坏事故的发生。因此,应避免电动机在欠压下运行。

实现欠压保护的电器是接触器和电磁式电压继电器。在机床电气控制线路中,只有少数线路专门装设了电磁式电压继电器起欠压保护作用;而大多数控制线路,由于接触器已兼有欠压保护功能,所以不必再另加设欠压保护电器。一般当电网电压降低到额定电压的85%以下时,接触器(电压继电器)线圈产生的电磁吸力会减小到复位弹簧的拉力,使动铁芯被释放,其主触点和自锁触点同时断开,从而切断主电路和控制电路电源,使电动机停转。

四、失压保护（零压保护）

当生产机械在工作，但由于某种原因发生电网突然停电时，电源电压会下降为零，电动机停转，生产机械的运动部件也随之停止转动。一般情况下，操作人员不可能会及时拉开电源开关，如不采取措施，当电源恢复正常时，电动机会自行启动运转，很可能会造成人身伤害和设备损坏事故的发生，并同时引起电网过电流和瞬间网络电压的下降。因此，必须采取失压保护措施。

在电气控制线路中，起失压保护作用的电器是接触器和中间继电器。当电网停电时，接触器和中间继电器线圈中的电流消失，电磁吸力减小为零，动铁芯释放，触点复位，从而切断了主电路和控制电路电源。当电网恢复供电时，若不重新按下启动按钮，则电动机就不会自行启动，从而实现失压保护。

知识链接二　三相异步电动机的正、反转控制

由于生产机械需要前进、后退、上升和下降等，所以这就要求拖动生产机械的电动机能够改变旋转方向，也就是要实现正、反转控制。正、反转控制线路是指采用某一方式使电动机能实现正、反转向调换的控制。在工厂的动力设备中，通常采用改变接入三相异步电动机绕组的电源相序来实现。

正、反转控制最基本的要求是：正转交流接触器的线圈和反转交流接触器的线圈不能同时带电，正、反转交流接触器的主触点不能同时吸合，否则会发生电源相间短路的问题。实现三相异步电动机正、反转控制常用的控制线路有接触器联锁、按钮联锁和接触器、按钮双重联锁控制三种形式。

一、接触器联锁正、反转控制

1. 工作原理

根据电路的需要，在电路中采用按钮盒中的两个按钮来控制电动机的正、反转，即正转按钮 SB_2 和反转按钮 SB_3。为了避免两只接触器同时动作，在两个电路中分别串入对方接触器的一个常闭辅助触点。这样，当正转接触器 KM_1 得电动作时，对应的反转接触器 KM_2 会由于 KM_1 常闭触点联锁的原因，使 KM_2 不能得电动作，反之亦然。这样就可以保证电动机的正、反转能独立完成。这种接触器通过它的联锁触点控制另一个接触器工作状态的过程称为联锁。接触器联锁正、反转控制的原理图如图 5-38 所示。

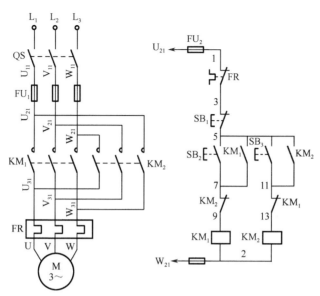

图 5-38 接触器联锁正、反转控制的原理图

2. 动作过程

先合上电源开关 QS，则正转控制、反转控制和停止的工作过程如下：

（1）正转控制。按下正转启动按钮 SB_2→KM_1 线圈得电→KM_1 主触点和自锁触点闭合（KM_1 常闭互锁触点断开）→电动机 M 启动连续正转。

（2）反转控制。先按下停止按钮 SB_1→KM_1 线圈失电→KM_1 主触点分断→电动机 M 失电停转→再按下反转启动按钮 SB_3→KM_2 线圈得电→KM_2 主触点和自锁触点闭合→电动机 M 启动连续反转。

（3）停车。按停止按钮 SB_1→控制电路失电→KM_1（或 KM_2）主触点分断→电动机 M 失电停转。

注意：电动机从正转变为反转时，必须先按下停止按钮后，才能按反转启动按钮，否则会由于接触器的联锁作用，不能实现反转。

想一想：正在正转时若按下反转按钮则会怎么办，此电路需要改进的地方有哪些？

二、按钮联锁正、反转控制

1. 工作原理

按钮联锁正、反转控制与接触器联锁正、反转控制的原理基本一样，区别就在于，接触器联锁是采用接触器自身的常闭辅助触点来联锁接触器的主触点的，而按钮联锁是采用按钮自身的常闭辅助触点来联锁接触器的主触点的。二者的操作步骤和动作过程基本上都是一样的，按钮联锁正、反转控制电路的原理图如图 5-39 所示。

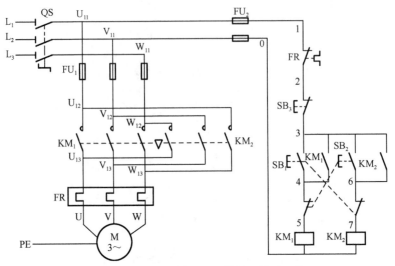

图 5-39 按钮联锁正、反转控制的原理图

2. 动作过程

先闭合电源开关 QS，则正转控制、反转控制和停止的工作过程如下：

（1）正转控制。按下按钮 SB_1→SB_1 常闭触点先分断对 KM_2 联锁（切断反转控制电路）→SB_1 常开触点后闭合→KM_1 线圈得电→KM_1 主触点和辅助触点闭合→电动机 M 启动，连续正转。

（2）反转控制。按下按钮 SB_2→SB_2 常闭触点先分断→KM_1 线圈失电→KM_1 主触点分断→电动机 M 失电→SB_2 常开触点后闭合→KM_2 线圈得电→KM_2 主触点和辅助触点闭合→电动机 M 启动，连续反转。

（3）停止。按停止按钮 SB_3→整个控制电路失电→KM_1（或 KM_2）主触点和辅助触点分断→电动机 M 失电停转。

想一想：这种线路控制的可靠程度以及需要改进的地方。

三、接触器、按钮双重联锁正、反转控制

1. 原理图

接触器、按钮双重联锁正、反转控制线路安全可靠、操作方便。常用的接触器、按钮双重联锁正、反转控制的原理图如图 5-40 所示。

线路要求接触器 KM_1 和 KM_2 不能同时通电，否则它们的主触头同时闭合，这将造成 L_1 和 L_3 两相电源短路，因此在 KM_1 和 KM_2 线圈各自的支路中相互串

接了对方的一个常闭辅助触头,以保证 KM_1 和 KM_2 不会同时通电。KM_1 和 KM_2 这两个常闭辅助触头在线路中所起的作用称为联锁(互锁)作用。另一个互锁是按钮互锁,当 SB_1 动作时,KM_2 线圈不能通电,当 SB_2 动作时,KM_1 线圈不能通电。

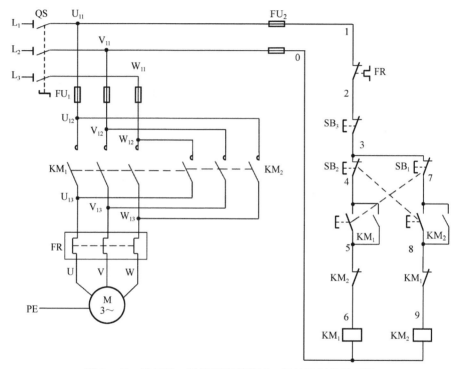

图 5-40 接触器、按钮双重联锁正、反转控制的原理图

2. 动作过程

先合上电源开关 QS,则正转控制、反转控制和停止的工作过程如下:

(1) 正转控制。按下按钮 SB_1→SB_1 常闭触点先分断对 KM_2 联锁(切断反转控制电路)→SB_1 常开触点后闭合→KM_1 线圈得电→KM_1 主触点闭合→电动机 M 启动,连续正转。KM_1 联锁触点分断,对 KM_2 联锁(切断反转控制电路)。

(2) 反转控制。按下按钮 SB_2→SB_2 常闭触点先分断→KM_1 线圈失电→KM_1 主触点分断→电动机 M 失电→SB_2 常开触点后闭合→KM_2 线圈得电→KM_2 主触点闭合→电动机 M 启动连续反转。KM_2 联锁触点分断,对 KM_1 联锁(切断正转控制电路)。

(3) 停止。按停止按钮 SB_3→整个控制电路失电→KM_1(或 KM_2)主触点分断→电动机 M 失电停转。

知识链接三 三相异步电动机的行程控制

根据生产机械运动部件的位置或行程进行的控制称为行程控制。生产机械的某个运动部件，如机床的工作台，需要在一定的范围内往复循环运动，以便连续加工。这种情况就要求拖动运动部件的电动机必须能自动地实现正、反转控制。

一、电气原理图

行程开关控制的电动机正、反转自动循环控制的原理图如图 5-41 所示，利用行程开关可以实现电动机的正、反转循环。为了使电动机的正、反转控制与工作台的左右运动相配合，在控制线路中设置了四个位置开关 SQ_1、SQ_2、SQ_3 和 SQ_4，并把它们安装在工作台需限位的地方。其中 SQ_1 和 SQ_2 被用来自动换接电动机正、反转控制电路，从而实现工作台的自动往返行程控制；SQ_3 和 SQ_4 被用来作终端保护，以防止 SQ_1 和 SQ_2 失灵，工作台越过限定位置而造成

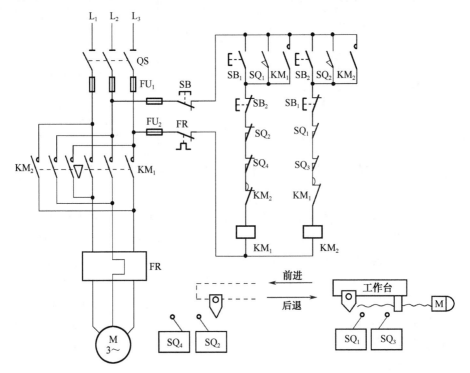

图 5-41 行程开关控制的电动机正、反转自动循环控制的原理图

事故。在工作台边的 T 形槽中装有两块挡铁，挡铁 1 只能和 SQ_1、SQ_3 相碰撞，挡铁 2 只能和 SQ_2、SQ_4 相碰撞。当工作台运动到所限位置时，挡铁碰撞位置开关，使其触点动作，自动换接电动机正、反转控制电路，从而通过机械传动机构使工作台自动往返运动。工作台的行程可通过移动挡铁的位置来调节，拉开两块挡铁间的距离，行程就短，反之则长。

想一想：自动往返控制和正、反转控制有何区别与联系？

二、动作过程

先合上电源开关 QS，然后按下前进启动按钮 SB_1→接触器 KM_1 线圈得电→KM_1 主触点和自锁触点闭合→电动机 M 正转→带动工作台前进→当工作台运行到 SQ_2 位置时→撞挡铁压下 SQ_2→其常闭触点断开（常开触点闭合）→使 KM_1 线圈断电→KM_1 主触点和自锁触点断开，KM_1 动合触点闭合→KM_2 线圈得电→KM_2 主触点和自锁触点闭合→电动机 M 因电源相序的改变而变为反转→拖动工作台后退→当撞挡铁又压下 SQ_1 时→KM_2 断电→KM_1 又得电动作→电动机 M 正转→带动工作台前进，如此循环往复。当按下停止按钮 SB 时，KM_1 或 KM_2 接触器断电释放，电动机停止转动，工作台停止。SQ_3 和 SQ_4 为极限位置保护的限位开关，以防止 SQ_1 或 SQ_2 失灵时，工作台超出运动的允许位置而产生事故。

知识链接四　三相异步电动机手动控制线路的装接

一、三相闸刀开关控制的三相异步电动机的全压启动

1. 电工工具、仪表及器材

（1）电工的常用工具：测电笔、电工钳、尖嘴钳、斜口钳、螺钉旋具（一字形与十字形）、电工刀和校验灯等。

（2）仪表：数字万用表或指针万用表。

（3）导线：主电路采用 BV 1.5mm^2（红色、绿色、黄色）；控制电路采用 BV 1mm^2（黑色）；按钮线采用 BVR 0.75mm^2（红色）；接地线采用 BVR 1.5mm^2（黄绿双色）。导线数量由教师根据实际的情况确定。

（4）所需的电气元件见表 5-3。

表 5-3 电气元件明细表

代 号	名 称	推荐型号	推荐规格	数 量
M	三相异步电动机	Y112M-4	4kW、380V、△接法、8.8A、1 440r/min	1
QS	三相闸刀开关	HK1-30/3	三极、380V 额定电流30A、熔体直连	1
FU	螺旋式熔断器	RL1-30/20	380V、30A、配熔体额定电流20A	2
QS	倒顺开关	HY2-30/3	三极、380V、30A	1
XT	端子排	JX2-1010	10A、10节、380V	1

(5) 控制板一块 (600mm×500mm×20mm)。

2. 固定电气元件

配齐电气元件之后，按图 5-42 所示进行元器件的安装。

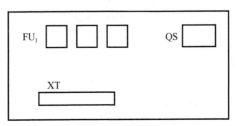

图 5-42 三相闸刀开关控制平面布置图

3. 电路装接

三相异步电动机手动控制的原理图如图 5-43 所示。在读懂原理图之后，按图 5-44 所示的接线图连接电路。

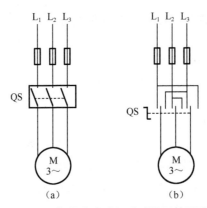

图 5-43 三相异步电动机手动控制的原理图
(a) 三相闸刀开关控制电路; (b) 倒顺开关控制电路

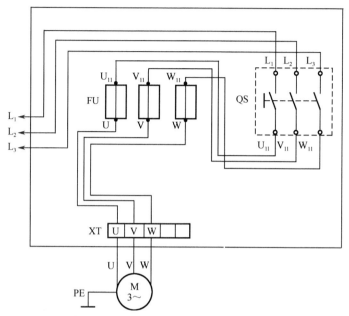

图 5-44 三相闸刀开关控制的三相异步电动机的全压启动接线图

4. 自检和互检电路的连接情况
5. 静电检测

将检测结果填入表 5-4 中。

（1）用万用表测 QS 两端的电压和电阻。
（2）用万用表测电动机电源接线端之间的电压及电动机接线端与机壳之间的电压。

表 5-4 检测结果记录

实训内容	自检和互检发现的问题和解决方案	静电检测结果			通电试车		
		开关两端的电压和电阻	电动机电源接线端之间的电压	电动机接线端与外壳之间电压	电动机转动情况	电源相线之间的电压	电动机接线端之间的电压
三相闸刀开关控制三相异步电动机全压启动		U_{QS} R_{QS}	U_{UV} U_{VW} U_{WU}			U_{AB} U_{BC} U_{CA}	U_{UV} U_{VW} U_{WU}
倒顺开关控制三相异步电动机全压启动		U_{QS} R_{QS}	U_{UV} U_{VW} U_{WU}			U_{AB} U_{BC} U_{CA}	U_{UV} U_{VW} U_{WU}

6. 通电试车

在老师检查同意后，闭合 QS，观察电动机的转动情况，用万用表测量两相线之间的电压和电动机两接线端之间的电压，记录测量结果并进行比较。

二、倒顺开关控制的三相异步电动机的控制电路

1. 连接电路

按图 5-43（b）所示的电路进行连接。

2. 自检和互检电路的连接情况

3. 静电检测

将检测结果填入表 5-4 中。

（1）用万用表测 QS 两端的电压和电阻。

（2）用万用表测电动机电源接线端之间的电压及电动机接线端与机壳之间的电压。

4. 通电试车

在老师检查同意后，闭合 QS，观察电动机的启动情况，然后把倒顺开关扳到"停"的位置，当电动机停止之后，再把倒顺开关扳到"反"的位置，观察电动机旋转方向的改变，然后用万用表测量两相线之间的电压和电动机两接线端之间的电压，记录测量结果并进行比较。

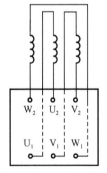

图 5-45 定子绕组的排列次序

三、电动机的接线

三相异步电动机的定子绕组共有六个引线端，它们分别固定在接线盒内的接线柱上，各相绕组的始端分别用 U_1、V_1、W_1 表示，末端分别用 U_2、V_2、W_2 表示。定子绕组的始末端在机座接线盒内的排列次序如图 5-45 所示。

定子绕组有星形和三角形两种接法。若将 U_2、V_2、W_2 接在一起，U_1、V_1、W_1 分别接到 A、B、C 三相电源上，则电动机为星形接法，其实际接线图与原理接线图如图 5-46 所示。

如果将 U_1 接 W_2、V_1 接 U_2、W_1 接 V_2，然后再分别接到三相电源上，电动机是三角形接法，如图 5-47 所示。

在生产实践中，先进行电动机的安装固定，当装接好控制板（箱）后，将三相电源线外套装保护钢管，最后再与电动机的接线螺栓相连，如图 5-48 所示。

项目五 基本电气控制电路的安装

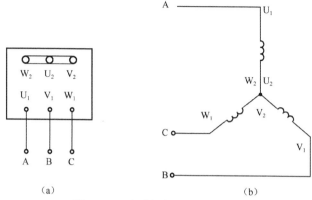

图 5-46　电动机绕组星形接线图
(a) 实际接线图；(b) 原理接线图

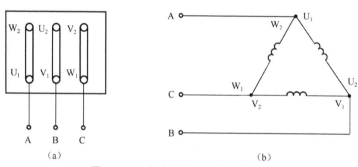

图 5-47　电动机绕组三角形接线图
(a) 实际接线图；(b) 原理接线图

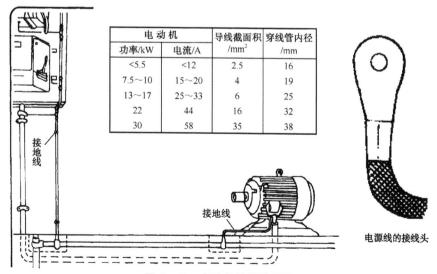

电动机		导线截面积 /mm²	穿线管内径 /mm
功率/kW	电流/A		
<5.5	<12	2.5	16
7.5~10	15~20	4	19
13~17	25~33	6	25
22	44	16	32
30	58	35	38

图 5-48　电动机的引线安装

四、工作质量评价

任务完成质量评分表见表 5-5。

表 5-5 任务完成质量评分表

项目内容	配 分	评分标准		得 分
器材准备	5	(1) 不清楚元器件的功能及作用	扣 2 分	
		(2) 不能正确选用元器件	扣 3 分	
工具和仪表的使用	5	(1) 不会正确使用工具	扣 2 分	
		(2) 不能正确使用仪表	扣 3 分	
装前检查	10	(1) 电动机质量检查	每漏一处扣 2 分	
		(2) 电器元件漏检或错检	每处扣 2 分	
安装工艺	20	(1) 安装不整齐、不合理	每件扣 5 分	
		(2) 元件安装不紧固	每件扣 4 分	
		(3) 损坏元件	每件扣 15 分	
接线工艺	30	(1) 接点不符合要求	每个接点扣 5 分	
		(2) 损伤导线绝缘或线芯	每根扣 5 分	
		(3) 漏接接地线	扣 10 分	
通电试车	30	(1) 第一次试车不成功	扣 10 分	
		(2) 第二次试车不成功	扣 20 分	
		(3) 第三次试车不成功	扣 30 分	
安全文明生产	10	违反安全文明操作规程（视实际情况进行扣分）		
定额时间 4h		每超时 5min 以内扣 5 分计算		
备注		除定额时间外，各项目的最高扣分不应超过配分数		
开始时间		结束时间	实际时间	总成绩

特别提示：

（1）三相闸刀开关应竖直安装，电源进线在上，负载出线在下，上推合闸，下拉开闸。

（2）螺旋式熔断器的电源进线应接在下接线端子上，负载出线应接在上接线端子上，安装熔断器时应有足够的间距，以便拆装、更换熔体。

（3）电动机接线应在断电的情况下进行，其接法应按要求进行。

（4）操作时应注意安全，在没有确定带电的情况下应视为有电，禁止在通电情况下直接接触电动机的金属外壳。

知识链接五　三相异步电动机点动控制线路的装接

一、使用的主要工具、仪表及器材

1. 电器元件

使用的主要电器元件见表 5-6。

表 5-6　电器元件明细表

代号	名　称	推荐型号	推荐规格	数　量
M	三相异步电动机	Y112M-4	4kW、380V、△接法、8.8A、1 440r/min	1
QF	低压断路器	DZ10-100	三相、额定电流15A	1
QS	组合开关	HZ10-25/3	三极、380V、25A	1
FU	螺旋式熔断器	RL1-15/2	380V、15A、配熔体额定电流2A	2
KM	交流接触器	CJ10-20	20A、线圈电压380V	1
SB	按钮	LA10-3H	保护式、按钮数3	1
XT_1	端子排	JX2-1010	10A、10 节、380V	1
XT_2	端子排	JX2-1004	10A、4 节、380V	1
注：低压断路器和组合开关任选其一。				

2. 工具

测电笔、螺丝刀、尖嘴钳、斜口钳、剥线钳和电工刀等。

3. 仪表

ZC7（500V）型兆欧表、DT-9700 型钳形电流表、MF500 型万用表（或数字万用表 DT980）。

4. 器材

（1）控制板一块（600mm×500mm×20mm）。

（2）导线。规格有：主电路采用 BV 1.5mm^2（红色、绿色、黄色）；控制电路采用 BV 1mm^2（黑色）；按钮线采用 BVR 0.75mm^2（红色）；接地线采用 BVR 1.5mm^2（黄绿双色）。导线数量由教师根据实际的情况确定。

（3）紧固体和编码套管按实际需要发给，简单线路可不用编码套管。

二、项目实施步骤及工艺要求

（1）读懂点动控制原理图，如图 5-34 所示，明确线路所用的电器元件及其作用。

（2）按表 5-6 所示配置所用的电器元件，并检验型号及性能。在配置过程中应注意以下问题：

①电器元件的技术数据要符合要求，且保证外观无损伤。

②电器元件的电磁机构动作要灵活。

③对电动机进行常规检查。

(3) 在控制板上按图 5-49 所示的布置图安装电器元件，并标注上醒目的文字符号。工艺要求如下：

①低压断路器、熔断器的受电端子应安装在控制板的外侧。

②各元件的安装位置应整齐、匀称，间距合理，以便元件的更换。

③紧固各元件时要用力均匀，紧固程度适当。在紧固熔断器、接触器等易碎裂元件时，应用手按住元件的一边轻轻摇动，然后再用螺丝刀轮换旋紧对角线上的螺钉，直到手摇不动后再适当旋紧即可。

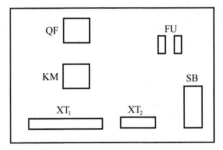

图 5-49 点动的平面布置图

(4) 按如图 5-50 所示的接线图和如图 5-51 所示的接线样板实物图进行板前明线布线和套编码套管。板前明线布线的工艺要求是：

①布线通道尽可能少，同路并行导线按主控电路分类集中，单层密排，紧贴安装面布线。

②同一平面的导线应高低一致。

③布线应横平竖直，导线与接线螺栓连接时，应打羊眼圈，并按顺时针旋转，不允许反转。对于瓦片式接点，导线连接时，将直线插入接点固定即可。

④布线时不得损伤线芯和导线绝缘。所有从一个接线端子到另一个接线端子的导线必须连续，中间无接头。

⑤导线与接线端子或接线桩连接时，不得压绝缘层及露铜过长。在每根剥去绝缘层导线的两端套上编码套管。

⑥一个电器元件接线端子上的连接导线不得多于两根，每节接线端子板上的连接导线一般只允许连接一根。

⑦同一元件、同一回路不同接点导线间的距离应一致。

项目五　基本电气控制电路的安装

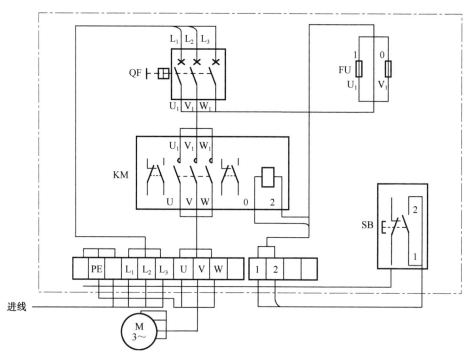

图 5-50　点动接线图

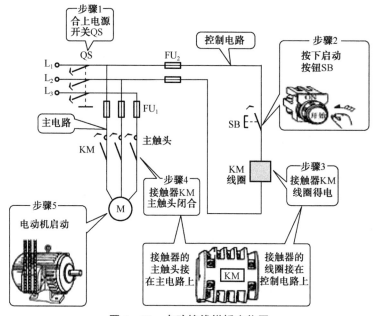

图 5-51　点动接线样板实物图

（5）根据图 5-51 所示的接线板实物图检查控制板布线的正确性。
（6）安装电动机。
（7）连接电动机和按钮金属外壳的保护接地线。
（8）连接电源、电动机等控制板外部的导线。
（9）自检。

①按电路原理图或电气接线图从电源端开始，逐段核对接线及接线端子处的连接是否正确，有无漏接、错接之处。检查导线接点是否符合要求，压接是否牢固。接触应良好，以免负载运行时产生闪弧现象。检查主电路时，可以手动来代替受电线圈励磁吸合时的情况。

②用万用表检查控制线路的通断情况：用万用表表笔分别搭在接线图 U_1、V_1 线端上（也可搭在 0 与 1 两点处），这时万用表的读数应为无穷大。当按下 SB 时，万用表的读数应为接触器线圈的直流电阻阻值。

③用兆欧表检查线路的绝缘电阻不得小于 $5M\Omega$。

（10）通电试车。通电前必须征得教师同意，并由教师接通电源和现场监护。

①学生合上电源开关 QS 后，允许用万用表或测电笔检查主、控电路的熔体是否完好，但不得对线路接线是否正确进行带电检查。

②第一次按下按钮时，应短时点动，以观察线路和电动机有无异常现象。

③试车成功率从通电后第一次按下按钮时开始计算。

④出现故障后，学生应独立进行检修，若需要带电检查时，必须有教师在现场监护。检修完毕再次试车时，也应有教师监护，并做好实习时间记录。

⑤实习课题应在规定时间内完成。

（11）注意事项：

①不触摸带电部件，严格遵守"先接线后通电，先接电路部分后接电源部分；先接主电路，后接控制电路，再接其他电路；先断电源后拆线"的操作程序。

②接线时，必须先接负载端，后接电源端；先接接地端，后接三相电源相线。

③发现异常现象（如发响、发热、焦臭），应立即切断电源，保持现场，报告指导老师。

④电动机必须安放平稳，电动机及按钮金属外壳必须可靠接地。接至电动机的导线必须穿在导线通道内加以保护，或采取坚韧的四芯橡皮护套线进行临时通电校验。

⑤电源进线应接在螺旋式熔断器底座的中心端上，出线应接在螺纹外壳上。

⑥当按钮内接线时，用力不能过猛，以防止螺钉打滑。

三、工作质量评价

任务完成质量评分见表 5-7。

表 5-7 任务完成质量评分表

项目内容	配分	评分标准		得分
器材准备	5	(1) 不清楚元器件的功能及作用	扣 2 分	
		(2) 不能正确选用元器件	扣 3 分	
工具和仪表的使用	5	(1) 不会正确使用工具	扣 2 分	
		(2) 不能正确使用仪表	扣 3 分	
装前检查	10	(1) 电动机质量检查	每漏一处扣 2 分	
		(2) 电器元件漏检或错检	每处扣 2 分	
安装元件	15	(1) 不按布置图安装	扣 5 分	
		(2) 元件安装不紧固	每只扣 4 分	
		(3) 安装元件时漏装木螺钉	每只扣 2 分	
		(4) 元件安装不整齐、不匀称、不合理	每只扣 3 分	
		(5) 损坏元件	扣 15 分	
布线	30	(1) 不按电路图接线	扣 10 分	
		(2) 布线不符合要求	主电路每根扣 4 分 控制电路每根扣 2 分	
		(3) 接点松动、露铜过长、压绝缘层、反圈等	每个接点扣 1 分	
		(4) 损伤导线绝缘或线芯	每根扣 5 分	
		(5) 漏套或错套编码套管（教师要求）	每处扣 2 分	
		(6) 漏接接地线	扣 10 分	
通电试车	35	(1) 热继电器未整定或整定错	扣 5 分	
		(2) 熔体规格配错	主、控电路各扣 5 分	
		(3) 第一次试车不成功	扣 10 分	
		第二次试车不成功	扣 20 分	
		第三次试车不成功	扣 30 分	
安全文明生产		违反安全文明生产规程，小组团队协作精神不强	扣 5~40 分	
定额时间 4h		每超时 5min 以内扣 5 分计算		
备注		除定额时间外，各项目的最高扣分不应超过配分数		
开始时间		结束时间	实际时间	总成绩

特别提示：

(1) 安装控制板上的走线槽及电器元件时，必须根据电器元件的位置图画线后进行安装,并做到安装牢固,排列整齐、均称、合理,并便于走线及更换元件。

(2) 紧固各电器元件时,要受力均匀,紧固程度适当,以防止损坏电器元件。

(3) 各电器元件与走线槽之间的外露导线,要尽可能做到横平竖直,走线合理、美观整齐,变换走向要垂直。

知识链接六　三相异步电动机连续控制线路的装接

一、使用的主要工具、仪表及器材

1. 电器元件

使用的主要电器元件见表 5-8。

表 5-8　电器元件明细表

代 号	名 称	推荐型号	推荐规格	数 量
M	三相异步电动机	Y112M-4	4kW、380V、△接法、8.8A、1 440r/min	1
QS	组合开关	HZ10-25/3	三相、额定电流 25A	1
FU_1	螺旋式熔断器	RL1-60/25	380V、60A、配熔体额定电流 25A	3
FU_2	螺旋式熔断器	RL1-15/2	380V、1.5A、配熔体额定电流 2A	2
KM	交流接触器	CJ10-20	20A、线圈电压 380V	1
FR	热继电器	JR16-20/3	三极、20A、整定电流 8.8A	1
SB	按钮	LA10-3H	保护式、500V、5A、按钮数 3、复合按钮	1
XT_1	端子排	JX2-1015	10A、15 节、380V	1
XT_2	端子排	JX2-1010	10A、10 节、380V	1

2. 工具

测电笔、螺丝刀、尖嘴钳、斜口钳、剥线钳和电工刀等。

3. 仪表

ZC7 (500V) 型兆欧表、DT-9700 型钳形电流表、MF500 型万用表 (或数字万用表 DT980)。

4. 器材

(1) 控制板一块 (600mm×500mm×20mm)。

(2) 导线规格:主电路采用 BV 1.5mm^2 (红色、绿色、黄色);控制电路采用 BV 1mm^2 (黑色);按钮线采用 BVR 0.75mm^2 (红色);接地线采用 BVR 1.5mm^2 (黄绿双色)。导线数量由教师根据实际的情况确定。

(3) 紧固体和编码套管按实际需要发给,简单线路可不用编码套管。

二、项目实施步骤及工艺要求

(1) 读懂连续控制线路的电路图,明确线路所用的电器元件及其作用。

(2) 按表 5-8 所示配置所用电器元件,并检验型号及性能。

(3) 在控制板上按图 5-52 所示的平面布置图安装电器元件,并标注上醒目的文字符号。

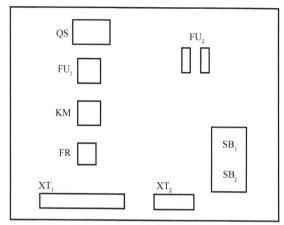

图 5-52 连续控制电器元件平面布置图

（4）按图 5-53 所示的主电路接线图和 5-54 所示的控制电路接线图进行板前明线布线和套编码套管。板前明线布线的工艺要求参照任务二。

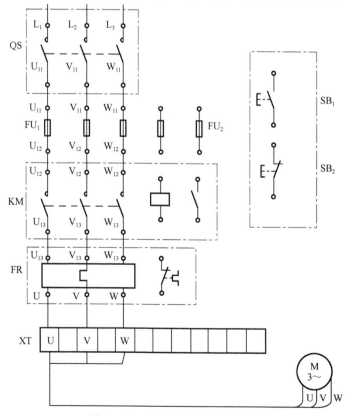

图 5-53 连续控制主电路接线图

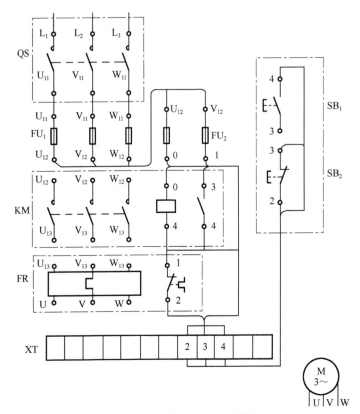

图 5-54 连续控制控制电路接线图

(5) 根据图 5-55 所示的接线样板图检查控制板布线的正确性。
(6) 安装电动机。
(7) 连接电动机和按钮金属外壳的保护接地线。
(8) 连接电源、电动机等控制板外部的导线。
(9) 自检。

① 用查线号法分别对主电路和控制电路进行常规检查,按控制原理图和接线图逐一查对线号有无错接、漏接。按电路原理图或电气接线图从电源端开始,逐段核对接线及接线端子处连接是否正确,有无漏接、错接之处。检查导线接点是否符合要求,压接是否牢固。

② 用万用表分别对主电路和控制电路进行通、断路检查。

a. 主电路的检查。断开控制电路,应分别测得 U_{11}、V_{11}、W_{11} 任意两端的电阻为 ∞。当按下交流接触器的触点架时,测得是电动机两相绕组的串联直流电阻值(万用表调至 R×1 挡,调零)。当检查主电路时,可以用手动来代替受电线圈励磁吸合时的情况。

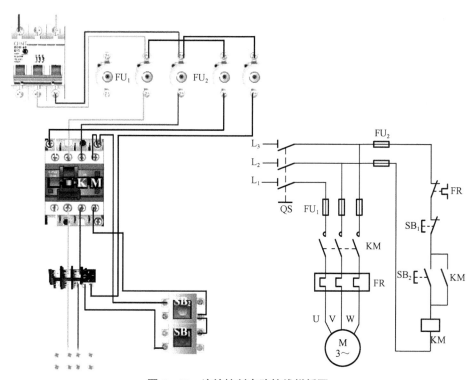

图 5-55 连续控制电路接线样板图

b. 控制电路检查。将万用表的表笔分别跨接在控制电路的两端，测得阻值为∞，这说明启动、停止控制回路安装正确；按下 SB_2 或按下接触器 KM 触点架，测得接触器 KM 线圈的电阻值，这说明自锁控制安装正确。（将万用表调至 R×10 挡，或 R×100 挡，调零）。

③检查电动机和按钮外壳的接地保护。

④检查过载保护。检查热继电器的额定电流值是否与被保护的电动机的额定电流相符，若不符，则调整旋钮的刻度值，使热继电器的额定电流值与电动机的额定电流相符。检查常闭触点是否动作，其机构是否正常可靠，并检查复位按钮是否灵活。

(10) 通电试车。通电前必须征得教师同意，并由教师接通电源和现场监护。

①电源测试。合上电源开关 QS，用测电笔测 FU_1 和三相电源。

②控制电路试运行。断开电源开关 QS，并确保电动机没有与端子排连接。若合上开关 QS，按下按钮 SB_2，则接触器主触点立即吸合；松开按钮 SB_1，则接触器主触点仍保持吸合。但当再次按下 SB_2 时，接触器触点则立即

复位。

③电动机试运行。断开电源开关 QS，接上电动机接线。再合上开关 QS，按下按钮 SB_1，则电动机运转；按下按钮 SB_2，则电动机停转。

(11) 注意事项。参照项目五任务一中 CJT1-10 型交流接触器的拆装。

三、常见故障及维修

三相异步电动机具有过载保护的接触器自锁正转控制线路常见故障及维修方法见表 5-9。

表 5-9 三相异步电动机具有过载保护的接触器自锁正转控制线路常见故障及维修方法

常见故障	故障原因	维修方法
电动机不启动	1. 熔断器熔体熔断。 2. 自锁触点和启动按钮串联。 3. 交流接触器不动作。 4. 热继电器未复位	1. 查明原因排除后更换熔体。 2. 改为并联。 3. 检查线圈或控制回路。 4. 手动复位
发出嗡嗡声，缺相	动、静触头接触不良	对动、静触头进行修复
跳闸	1. 电动机绕组烧毁。 2. 线路或端子板绝缘击穿	1. 更换电动机。 2. 查清故障点排除
电动机不停车	1. 触头烧损黏连。 2. 停止按钮接点黏连	1. 拆开修复。 2. 更换按钮
电动机时通时断	1. 自锁触点错接成常闭触点。 2. 触点接触不良	1. 改为常开。 2. 检查触点接触情况
只能点动	1. 自锁触点未接上。 2. 并接到停止按钮上	1. 检查自锁触点。 2. 并接到启动按钮两侧

四、工作质量评价

工作质量评价参照表 5-7，定额时间由指导教师酌情增减。

特别提示：

(1) 自锁触点和启动按钮并联。

(2) 应记住接控制电路时，交流接触器线圈是唯一负载，否则会导致控制电路短路。

知识链接七　三相异步电动机点动与连续复合控制线路的装接

一、使用的主要工具、仪表及器材

1. 电器元件

使用的主要电器元件见表 5-10。

表 5-10　电器元件明细表

代号	名　称	推荐型号	推荐规格	数量
M	三相异步电动机	Y112M-4	4kW、380V、△接法、8.8A、1 440r/min	1
QS	组合开关	HZ10-25/3	三相、额定电流25A	1
FU_1	螺旋式熔断器	RL1-60/25	380V、60A、配熔体额定电流25A	3
FU_2	螺旋式熔断器	RL1-15/2	380V、1.5A、配熔体额定电流2A	2
KM	交流接触器	CJ10-20	20A、线圈电压380V	1
FR	热继电器	JR16-20/3	三极、20A、整定电流8.8A	1
SB	按钮	LA10-3H	保护式、500V、5A、按钮数3、复合按钮	1
XT_1	端子排	JX2-1015	10A、15节、380V	1
XT_2	端子排	JX2-1010	10A、10节、380V	1

2. 工具

测电笔、螺丝刀、尖嘴钳、斜口钳、剥线钳和电工刀等。

3. 仪表

ZC7（500V）型兆欧表、DT-9700型钳形电流表、MF500型万用表（或数字万用表DT980）。

4. 器材

（1）控制板一块（600mm×500mm×20mm）。

（2）导线规格：主电路采用 BV 1.5mm^2（红色、绿色、黄色）；控制电路采用 BV 1mm^2（黑色）；按钮线采用 BVR 0.75mm^2（红色）；接地线采用 BVR 1.5mm^2（黄绿双色）。导线数量由教师根据实际的情况确定。

（3）紧固体和编码套管按实际需要发给。简单线路可不用编码套管。

二、项目实施步骤及工艺要求

（1）绘制并读懂点动与连续复合控制线路的电路图（用复合按钮控制），明确线路所用的电器元件及其作用。

（2）按表 5-10 所示配置所用的电器元件，并检验型号及性能。

（3）在控制板上按图 5 – 56 所示的布置图安装固定电器元件，并标注上醒目的文字符号。

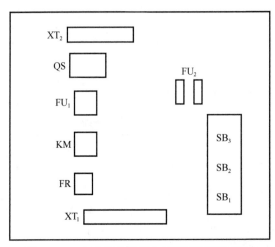

图 5 – 56　点动与连续复合控制的平面布置图

（4）按图 5 – 57 所示的接线图进行板前明线布线和套编码套管。板前明线布线的工艺要求参照项目五任务一中 CJT1 – 10 型交流接触器的拆装。

（5）根据图 5 – 37（a）所示的原理图检查控制板布线的正确性。

（6）安装电动机。

（7）连接电动机和按钮金属外壳的保护接地线。

（8）连接电源、电动机等控制板外部的导线。

（9）自检。

①按照电路原理图或电气接线图，从电源端开始，逐段核对接线及接线端子处连接是否正确，有无漏接、错接之处。检查导线接点是否符合要求，压接是否牢固。接触应良好，以免接负载运行时产生闪弧现象。

②用万用表检查线路的通断情况。用万用表检查时，应选用电阻挡的适当挡位，并进行校零，以防错漏短路故障。

③检查控制电路。将万用表表笔分别搭在控制电路的两端，这时万用表的读数应为无穷大。当按下 SB_2 和 SB_3 时，万用表的读数应为接触器线圈的直流电阻阻值。

④检查主电路时，可以用手动来代替受电线圈励磁吸合时的情况。

⑤合上电源开关 QS，按下按钮 SB_3，接触器 KM 吸合，电动机运转，松开按钮 SB_3，接触器 KM 失电，电动机停转，点动控制；按下按钮 SB_2，接触器 KM 吸合，电动机运转，松开按钮 SB_2，电动机继续运转，长动控制。

⑥用兆欧表检查线路的绝缘电阻不得小于 $5M\Omega$。

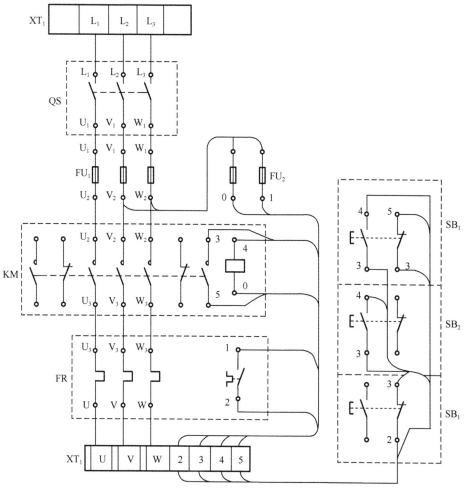

图 5-57 点动与连续复合控制的接线图（按钮依次为 3，2，1）

（10）通电试车。通电前必须征得教师同意，并由教师接通电源和现场监护。

①学生合上电源开关 QS 后，允许用万用表或测电笔检查主、控电路的熔体是否完好，但不得对线路接线是否正确进行带电检查。

②第一次按下按钮时，应短时点动，以观察线路和电动机有无异常现象。

③试车成功率从通电后第一次按下按钮时开始计算。

④出现故障后，学生应独立进行检修，若需要带电检查时，必须有教师在现场监护。检修完毕再次试车时，也应有教师监护，并做好实习时间记录。

⑤实习课题应在规定时间内完成。

（11）注意事项。参照项目五任务一中 CJT1-10 型交流接触器的拆装。

三、常见故障及维修

三相异步电动机具有过载保护的接触器自锁正转控制线路常见故障及维修方法见表 5-11。

表 5-11　具有过载保护接触器三相异步电动机的自锁正转控制线路常见故障及维修方法

常见故障	故障原因	维修方法
电动机不启动	1. 熔断器熔体熔断。 2. 交流接触器不动作。 3. 热继电器未复位	1. 查明原因排除后更换熔体。 2. 检查线圈或控制回路。 3. 手动复位
缺相	动、静触头接触不良	对动、静触头进行修复
跳闸	1. 电动机绕组烧毁。 2. 线路或端子板绝缘击穿	1. 更换电动机。 2. 查清故障点排除
电动机不停车	1. 触头烧损黏连。 2. 停止按钮接点黏连。 3. 停车按钮接在自锁触头内	1. 拆开修复。 2. 更换按钮。 3. 更换位置
不能点动	点动按钮常闭触点没有串联在电动机的自锁控制电路中	重新接线
不能连续	自锁没有接上	重新接线

四、工作质量评价

工作质量评价参照表 5-7 所示，定额时间由指导教师酌情增减。

特别提示：

(1) 点动采用复合按钮，且其常闭触点必须串联在电动机的自锁控制电路中。

(2) 当通电试车时，应先合上 QS，再按下按钮 SB_2 或 SB_3，并确保用电安全。

知识链接八　三相异步电动机双重互锁正、反转控制线路的装接

一、使用的主要工具、仪表及器材

1. 电器元件

使用的主要电器元件见表 5-12。

表 5 – 12　电器元件明细表

代号	名称	推荐型号	推荐规格	数量
M	三相异步电动机	Y112M – 4	4kW、380V、△接法、8.8A、1 440r/min	1
QS	组合开关	HZ10 – 25/3	三相、额定电流 25A	1
FU_1	螺旋式熔断器	RL1 – 60/25	380V、60A、配熔体额定电流 25A	3
FU_2	螺旋式熔断器	RL1 – 15/2	380V、1.5A、配熔体额定电流 2A	2
KM_1	交流接触器	CJ10 – 20	20A、线圈电压 380V	2
FR	热继电器	JR16 – 20/3	三极，20A、整定电流 8.8A	1
SB	按钮	LA10 – 3H	保护式、500V、5A、按钮数 3、复合按钮	1
XT_1	端子排	JX2 – 1015	10A、15 节、380V	1
XT_2	端子排	JX2 – 1010	10A、10 节、380V	1

2. 工具

测电笔、螺丝刀、尖嘴钳、斜口钳、剥线钳和电工刀等。

3. 仪表

ZC7（500V）型兆欧表、DT – 9700 型钳形电流表、MF500 型万用表（或数字万用表 DT980）。

4. 器材

（1）控制板一块（600mm × 500mm × 20mm）。

（2）导线规格：主电路采用 BV 1.5mm²（红色、绿色、黄色）；控制电路采用 BV 1mm²（黑色）；按钮线采用 BVR 0.75mm²（红色）；接地线采用 BVR 1.5mm²（黄绿双色）。导线数量由教师根据实际的情况确定。

（3）紧固体和编码套管按实际需要发给。

二、项目实施步骤及工艺要求

（1）绘制并读懂三相异步电动机双重互锁正、反转控制线路的电路图，明确线路所用的电器元件及其作用。

（2）按表 5 – 12 所示配置所用的电器元件，并检验型号及性能。

（3）在控制板上按图 5 – 58 所示的平面布置图安装电器元件，并标注上醒目的文字符号。

（4）按图 5 – 59 所示的接线图和图 5 – 60 所示的接线样板图进行板前明线布线和套编码套管。板前明线布线的工艺要求参照任务二。

（5）根据图 5 – 60 所示的接线样板图检查控制板布线的正确性。

（6）安装电动机。

（7）连接电动机和按钮金属外壳的保护接地线。

(8) 连接电源、电动机等控制板外部的导线。

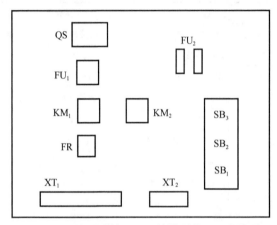

图 5-58 双重联锁正、反转控制的平面布置图

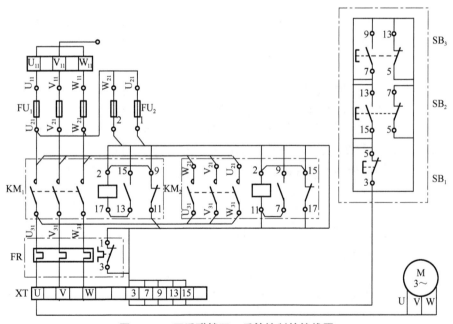

图 5-59 双重联锁正、反转控制的接线图

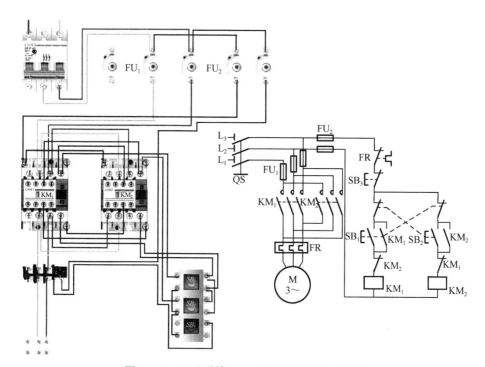

图 5-60 双重联锁正、反转控制的接线样板图

（9）自检。

①主电路的检查。

a. 按查线号法检查。重点检查交流接触器 KM_1 和 KM_2 之间的换相线，并用查线号法逐线核对。当检查主电路时，可以用手动来代替受电线圈励磁吸合时的情况。

b. 万用表检查法。将万用表调到 R×10 挡（调零），断开控制线路（断开 FU_2），然后用万用表表笔分别测 U_{11}、V_{11}、W_{11} 之间的阻值为 ∞；按下 KM_1 触点架，测得阻值应为电动机两相绕组直流电阻串联的阻值；松开 KM_1 的触点架，按下 KM_2 触点架，测得同样结果；最后用万用表表笔测 U_{11} 和 W_{11} 两端，按下 KM_1 触点架，测得电动机两相绕组直流电阻串联的阻值，然后将 KM_1 和 KM_2 触点架同时按下，测得阻值为零，则说明换相正确。

②控制线路的检查。用查线号法对照原理图和接线图分别检查按钮、自锁触点和联锁触点的布线；用万用表检查控制电路，连接 FU_2，检查自锁触点、互锁触点、按钮、热继电器常闭触点、熔断器等的通断情况。

③检查启动、停止和按钮控制。按下 SB_2，测得 KM_1 线圈的电阻值，同时按下 SB_1，测得阻值为 ∞。同时按下 SB_2 和 SB_3，测得阻值为 ∞，松开 SB_2，测

得 KM_2 线圈的阻值。

④检查自锁、联锁控制。按下 KM_1 触点架，测得 KM_1 线圈的电阻值，同时按下 KM_2 触点架，测得阻值为 ∞。反之，按下 KM_2 触点架，测得 KM_2 线圈的电阻值，同时按下 KM_1 触点架，测得阻值为 ∞。

(10) 通电试车。通电前必须征得教师同意，并由教师接通电源和现场监护。

做好线路板的安装检查后，按安全操作规程进行试运行，即一人操作，一人监护。

先合上 QS，检查三相电源，在确保电动机不接入的情况下，按下 SB_2，接触器 KM_1 触点架吸合，按下 SB_3，接触器 KM_1 释放，KM_2 触点架吸合。按下 SB_1，接触器 KM_2 释放。

断开 QS，接上电动机。再合上 QS，按下 SB_2，电动机正转；按下 SB_3，电动机反转；按下 SB_1，电动机停转。

(11) 注意事项。

①电动机必须安放平稳，以防止在可逆运转时产生滚动而引起事故，并将其金属外壳可靠接地。

②要注意主电路必须进行换相，否则电动机只能进行单向运转。

③要特别注意接触器的联锁触点不能接错，否则将会造成主电路中二相电源短路事故的发生。

④接线时，不能将正、反转接触器的自锁触点进行互换，否则只能进行点动控制。

⑤通电校验时，应先合上 QS，再检验 SB_2（或 SB_3）及 SB_1 按钮的控制是否正常，并在按 SB_2 后再按 SB_3，观察有无联锁作用。

⑥应做到安全操作。

三、常见故障分析

该电路故障发生率比较高，常见故障主要有以下几方面原因：

(1) 接通电源后，按启动按钮（SB_1 或 SB_2），接触器吸合，但电动机不转且发出"嗡嗡"声响，或者虽能启动，但转速很慢。

分析：这种故障大多是主回路一相断线或电源缺相。

(2) 控制电路时通时断，不起联锁作用。

分析：联锁触点接错，在正、反转控制回路中均用自身接触器的常闭触点做联锁触点。

(3) 按下启动按钮，电路不动作。

分析：联锁触点用的是接触器常开辅助触点。

（4）电动机只能点动正转控制。

分析：自锁触点用的是另一接触器的常开辅助触点。

（5）按下 SB_2，KM_1 剧烈振动，启动时接触器"叭哒"就不吸了。

分析：联锁触点接到自身线圈的回路中。接触器吸合，常闭接点断开，接触器线圈断电释放，释放常闭接点又接通，接触器又吸合，常闭接点又断开，所以会出现"叭哒"接触器不吸合的现象。

（6）在电动机正转或反转时，按下 SB_3 不能停车。

分析：可能是 SB_3 失效。

（7）合上 QS 后，熔断器 FU_2 马上熔断。

分析：可能是 KM_1 或 KM_2 线圈、触头短路。

（8）合上 QS 后，熔断器 FU_1 马上熔断。

分析：可能是 KM_1 或 KM_2 短路，或电动机相间短路，或正、反转主电路换相线接错。

（9）按下 SB_1 后，电动机正常运行，再按下 SB_2，FU_1 马上熔断。

分析：正、反转主电路换相线接错或 KM_1、KM_2 常闭辅助触头联锁不起作用。

四、工作质量评价

工作质量评价参照表 5-7 表示，定额时间由指导教师酌情增减。

特别提示：

（1）主电路必须将两相电源换向，在交流接触器进线换相或者在出线换相都可以，主电路绝对不能短路。

（2）必须要有互锁，否则在换相时会导致电源短路。

（3）安装训练可从简单到复杂，先从接触器互锁再到双重互锁，并体会双重互锁的优点和接线特点。

知识链接九　三相异步电动机自动往返行程控制线路的装接

一、使用的主要工具、仪表及器材

1. 电器元件

使用的主要电器元件见表 5-13。

表 5 – 13　电器元件明细表

代号	名称	推荐型号	推荐规格	数量
M	三相异步电动机	Y112M – 4	4kW、380V、△接法、8.8A、1 440r/min	1
QS	组合开关	HZ10 – 25/3	三相、额定电流25A	1
FU_1	螺旋式熔断器	RL1 – 60/25	380V、60A、配熔体额定电流25A	3
FU_2	螺旋式熔断器	RL1 – 15/2	380V、1.5A、配熔体额定电流2A	2
KM_1、KM_2	交流接触器	CJ10 – 20	20A、线圈电压380V	2
SQ_1—SQ_4	位置开关	JLXK1—111	单轮旋转式	4
FR	热继电器	JR16 – 20/3	三极、20A、整定电流8.8A	1
SB_1—SB_3	按钮	LA10 – 3H	保护式、500V、5A、按钮数3	1
XT_1	端子排	JX2 – 1015	10A、15 节、380V	1
XT_2	端子排	JX2 – 1010	10A、10 节、380V	1
	走线槽		18mm×25mm	若干

2. 工具

测电笔、螺丝刀、尖嘴钳、斜口钳、剥线钳和电工刀等。

3. 仪表

ZC7（500V）型兆欧表、DT – 9700 型钳形电流表、MF500 型万用表（或数字万用表 DT980）。

4. 器材

（1）控制板一块（600mm×500mm×20mm）。

（2）导线规格：主电路采用 BV 1.5mm^2（红色、绿色、黄色）；控制电路采用 BV 1mm^2（黑色）；按钮线采用 BVR 0.75mm^2（红色）；接地线采用 BVR 1.5mm^2（黄绿双色）。导线数量由教师根据实际的情况确定。

（3）紧固体和编码套管按实际需要发给。

二、项目实施步骤及工艺要求

（1）绘制并读懂三相异步电动机自动往返行程控制的电路图，明确线路所用的电器元件及其作用。

（2）按表 5 – 13 所示配置所用的电器元件，并检验型号及性能。

（3）在控制板上按图 5 – 61 所示的平面布置图安装电器元件，并标注上醒目的文字符号。

（4）按图 5 – 62 所示的接线样板图进行板前明线布线和套编码套管。板前明线布线的工艺要求参照项目五任务一中 CJT1 – 10 型交流接触器的拆装。

（5）根据图 5 – 62 所示的接线样板图检查控制板布线的正确性。

（6）安装电动机。

项目五　基本电气控制电路的安装　219

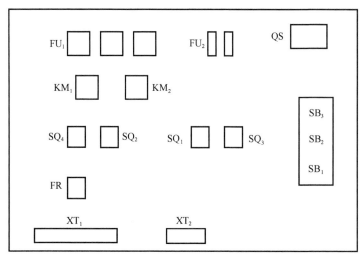

图 5-61　自动往返行程控制的平面布置图

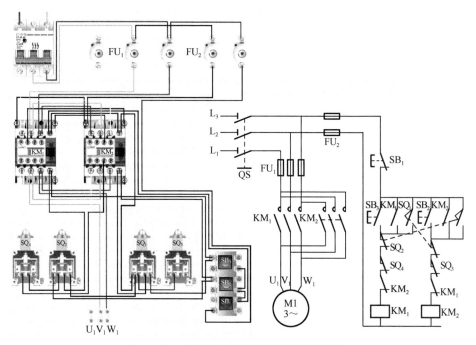

图 5-62　自动往返行程控制的接线样板图

(7) 连接电动机和按钮金属外壳的保护接地线。

(8) 连接电源、电动机等控制板外部的导线。

(9) 自检。

①主电路接线检查。按电路图或接线图从电源端开始,逐段核对接线有无漏接、错接之处,检查导线接点是否符合要求,压接是否牢固,以免带负载运行时产生闪弧现象。检查主电路时,可以用手动来代替受电线圈励磁吸合时的情况。

②控制电路接线检查。用万用表电阻挡检查控制电路的接线情况。

(10) 检查无误后通电试车。为保证人身安全,在通电试车时,要认真执行安全操作规程的有关规定,经教师检查并现场监护。

接通三相电源 L_1、L_2、L_3,合上电源开关 QS,用测电笔检查熔断器的出线端,若氖管亮,则说明电源接通。然后分别按下 $SB_2 \to SB_3$ 和 $SB_1 \to SB_3$,观察是否符合线路的功能要求,电器元件动作是否灵活,有无卡阻及噪声过大现象,以及电动机运行是否正常。若有异常,应立即停车检查。

(11) 注意事项。

①不触摸带电部件,遵守安全操作规程。

②可用手动行程开关来模拟真实的生产环境。

三、工作质量评价

工作质量评价参照表 5-7 所示,定额时间由指导教师酌情增减。

特别提示：

(1) 位置开关可以先安装好,不占定额时间。位置开关必须牢固安装在合适的位置上。安装后,必须对手动工作台或受控机械进行试验,合格后才能使用。

(2) 通电校验时,必须先手动位置开关,试验各行程控制和终端保护动作是否正常可靠。

(3) 体会与正、反转的区别与联系,掌握自动往返电路的特点。

练习与思考

1. 试述电气图的类型及作用。
2. 试述读电气原理图的步骤和方法。
3. 试述电气控制线路的安装步骤和工艺要求。
4. 试述点动控制线路与自锁控制线路从结构上看主要区别是什么？从功能上看主要区别是什么？
5. 自锁控制线路在长期工作后可能会失去自锁作用,试分析产生的原因。

6. 交流接触器线圈的额定电压为220V，若误接到380V的电源上，则会产生什么后果？反之，若接触器线圈的额定电压为380V，而电源线电压为220V，则其结果又如何？

7. 试分析双重联锁的正、反转控制线路与单一联锁的区别，并说明联锁的含义。

8. 在控制线路中，短路、过载、失压保护和欠压保护等功能是如何实现的？在实际的运行过程中，这几种保护有何意义？

9. 试论述行程开关在自动往返控制电路中的作用。

任务四　三相异步电动机其他典型控制电路的装接

知识链接一　降压启动方式及原理

在工厂中，若笼型异步电动机的额定功率超出了允许直接启动的范围，则应采用降压启动。所谓降压启动，是指借助启动设备将电源电压适当降低后加在定子绕组上进行启动，待电动机转速升高到接近稳定时，再使电压恢复到额定值，转入正常运行。三相笼型异步电动机的容量在10kW以上或由于其他原因不允许直接启动时，应采用降压启动。降压启动也称减压启动。

降压启动的目的是减小启动电流以及对电网的不良影响，但它同时又降低了启动转矩，所以这种启动方法只适用于空载或轻载启动时的鼠笼式异步电动机。鼠笼式异步电动机降压启动的方法通常有定子绕组回路串电阻降压启动、定子绕组回路串自耦变压器降压启动、Y－△变换降压启动、延边三角形降压启动四种方法。

一、定子绕组回路串电阻降压启动

定子绕组回路串电阻降压启动是指在电动机启动时，把电阻串接在电动机定子绕组与电源之间，通过电阻的分压作用来降低定子绕组上的启动电压，待电动机启动后，再将电阻短接，从而使电动机在额定电压下正常运行。

定子绕组回路串电阻降压启动的缺点是减少了电动机的启动转矩，同时启动时在电阻上功率消耗也较大，如果启动频繁，则电阻的温度会很高，这对于精密的机床来说会产生一定的影响，所以这种降压启动方法在生产实际中的应用正逐步减少。

1. **接触器控制定子绕组回路串电阻降压启动的控制电路**

接触器控制定子绕组回路串电阻降压启动的原理如图5-63所示。

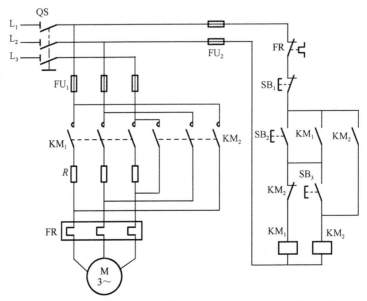

图 5-63 接触器控制定子绕组回路串电阻降压启动的原理图

控制过程如下：

闭合电源开关 QS。

(1) 降压启动。按下按钮 SB_2→KM_1 线圈得电→KM_1 主触点和辅助常开触点闭合→电动机 M 定子绕组回路串电阻降压启动。

(2) 全压运行。待笼型电动机启动好后，按下按钮 SB_3→KM_2 线圈得电→KM_2 辅助常开触点先断开→KM_1 线圈得电→KM_2 主触点和辅助常开触点闭合→电动机 M 全压运行。

(3) 停止。按停止按钮 SB_1→整个控制电路失电→KM_2（或 KM_1）主触点和辅助触点分断→电动机 M 失电停转。

2. 时间继电器自动控制定子绕组回路串电阻降压启动的控制电路

时间继电器自动控制定子绕组回路串电路降压启动的原理如图 5-64 所示。控制过程如下：

闭合电源开关 QS。

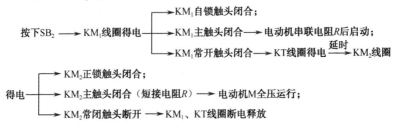

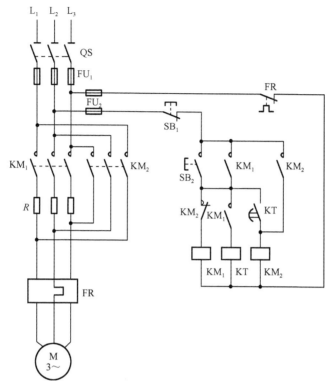

图 5-64 时间继电器自动控制定子绕组回路串电阻降压启动的原理图

启动电阻一般采用 ZX_1 和 ZX_2 系列铸铁电阻，因为这种系列的电阻功率大，能够通过较大的电流，且三相电路中每相所串的电阻值相等。

二、定子绕组回路串自耦变压器降压启动

定子绕组回路中自耦变压器降压启动是指利用自耦变压器来降低加在电动机三相定子绕组上的电压，来达到限制启动电流的目的。当采用自耦变压器降压启动时，将电源电压加在自耦变压器的高压绕组上，且将电动机的定子绕组与自耦变压器的低压绕组连接。当电动机启动后，将自耦变压器切除，电动机定子绕组直接与电源连接，在全电压下运行。定子绕组回路串自耦变压器降压启动比 Y-△ 变换降压启动的启动转矩大，并且可用抽头调节自耦变压器的变压比，从而可改变启动电流和启动转矩的大小。但这种启动需要一个庞大的自耦变压器，且不允许频繁启动。因此，定子绕组回路中自耦变压器降压启动适用于容量较大，但不能用 Y-△ 变换降压启动方法启动的电动机的降压启动。为了适应不同的要求，通常自耦变压器的抽头包括 73%、64%、55% 或 80%、60%、40% 等规格。

1. 利用自耦降压启动器手动实现

此种启动方法是通过利用自耦变压器能降低加在定子绕组上的电压来实现，将三相自耦变压器接成星形，用一个六刀双掷开关 S 来控制变压器接入或脱离电源，如图 5-65 所示。启动时，先将开关 QS 合上，再把 S 合到启动位置，此时电动机定子绕组通过自耦变压器和电网相接，由于定子绕组上的电压小于电网电压，所以减小了启动电流，当等到电动机的转速升高后，再把开关 S 扳到运行位置，把自耦变压器从电路中切除，使电动机三相定子绕组直接和电源相连，并运行在额定电压之下。

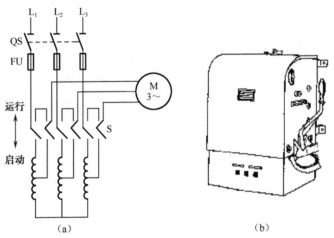

图 5-65 笼型电动机的自耦变压器降压启动线路图
(a) 线路图；(b) 自耦降压启动器外形

2. 利用时间继电器自动实现

利用时间继电器自动实现自耦变压器降压启动的控制原理如图 5-66 所示。其控制过程如下：

闭合电源开关 QS。

(1) 降压启动。按下按钮 SB_2→KM_2 和 KM_3 线圈得电→KM_2 和 KM_1 常闭辅助触点断开，KM_2 和 KM_3 主触点及其辅助常开触点闭合→电动机 M 定子绕组回路串自耦变压器 T 降压启动→时间继电器线圈 KT 线圈得电→开始计时，KT 瞬动触点闭合，为全压运行做准备。

(2) 全压运行。时间继电器线圈 KT 整定时间到→KT 延时常闭触点断开，延时常开触点闭合→KM_2 和 KM_3 线圈断电→KM_2 和 KM_3 常闭辅助触点闭合，KM_2 和 KM_3 主触点及其辅助常开触点断开→KM_1 线圈得电→KM_1 辅助常闭触点断开、KM_1 主触点和辅助常开触点闭合→KT 线圈失电→电动机 M 全压运行。

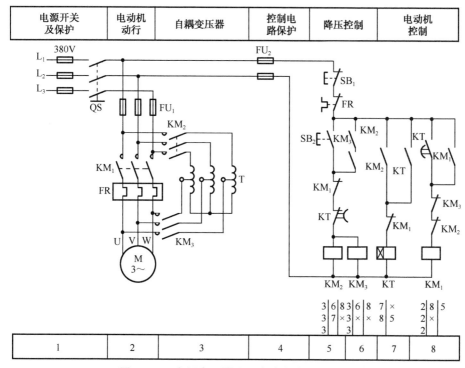

图 5-66 自耦变压器降压启动自动控制线路

（3）停止。按停止按钮 SB_1→整个控制电路失电→KM_1（或 KM_2 和 KM_1）主触点和辅助触点分断（时间继电器线圈断电）→电动机 M 失电停转。

想一想：时间继电器线圈为何在全压运行时要失电？

三、Y-△变换降压启动

电动机 Y-△变换降压启动是指把正常工作时电动机三相定子绕组作三角形连接的电动机，启动时换接成按星形连接，待电动机启动之后，再将电动机三相定子绕组按△连接，使电动机在额定电压下工作。采用 Y-△变换降压启动，可以减少启动电流，其启动电流仅为直接启动时的 1/3，启动转矩也为直接启动时的 1/3。大多数功率较大且接法是三角形接法的三相异步电动机的降压启动都采用这种方法。Y-△变换降压启动控制电路一般分为三种：第一种是利用 Y-△变换降压转换器手动实现；第二种是利用按钮、接触器控制的 Y-△变换降压启动电路；第三种是利用时间继电器来控制的 Y-△变换降压启动电路。下面分别介绍三种 Y-△变换降压启动电路的工作原理和工作过程。

1. Y-△变换降压转换器手动降压启动

手动控制的 Y-△启动器电路结构简单，操作也方便。它不需控制电路，直接用手动方式拨动手柄切换主电路,从而达到降压启动的目的。常用手动 Y-△启动器的结构如图 5-67 所示。

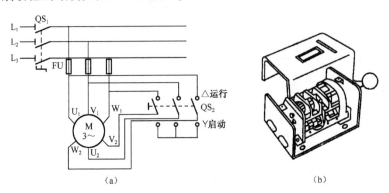

图 5-67 手动 Y-△启动器的结构图
(a) 手动 Y-△转换器降压启动; (b) 手动 Y-△转换器外形图

其控制过程如下:

闭合电源开关 QS_1。

(1) Y 降压启动。将三刀双掷开关 QS_2 扳到 Y 的启动位置,此时定子绕组接成星形,从而实现星形降压启动。

(2) △稳定运行。待电动机转速接近稳定时,再把三刀双掷开关 QS_2 扳到△的运行位置,从而实现三角形全压稳定运行。

(3) 停止。断开 QS_1→电动机 M 失电停转。

2. 按钮、接触器控制的 Y-△变换降压启动电路

(1) 按钮、接触器控制的 Y-△变换降压启动电路工作原理如图 5-68 所示。本电路使用了三个交流接触器,其中 KM 为电源引入接触器,KM_1 为 Y 启动接触器,KM_2 为△运行接触器,按钮中的 SB_2 为启动按钮,SB_3 为转换按钮,SB_1 为停止按钮。启动时,按下 SB_2,电动机是星形连接,从而实现降压启动。当启动结束后,按下 SB_3,电动机是三角形连接,从而使电动机在全压下工作。

(2) 动作过程如下:

闭合电源开关 QS。

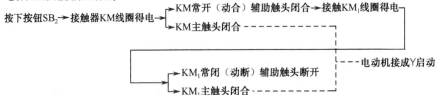

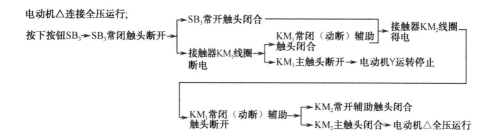

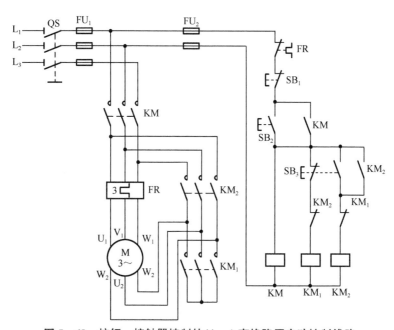

图 5-68　按钮、接触器控制的 Y-△ 变换降压启动控制线路

（3）停车。按停止按钮 SB_1 → 整个控制电路失电 → 电动机 M 失电停转。

3. 时间继电器自动控制的 Y-△ 变换降压启动电路

（1）时间继电器自动控制的 Y-△ 变换降压启动电路工作原理如图 5-69 所示。图中的主电路由 3 只接触器 KM_1、KM_2、KM_3 主触点的通断配合，分别将电动机的定子绕组接成星形或三角形。当 KM_1、KM_3 线圈通电吸合时，其主触点闭合，定子绕组接成星形；当 KM_1、KM_2 线圈通电吸合时，其主触点闭合，定子绕组接成三角形。两种接线方式的切换由控制电路中时间继电器的定时自动完成。

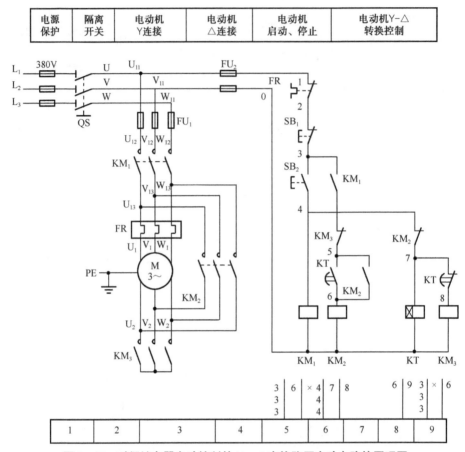

图 5-69 时间继电器自动控制的 Y-△ 变换降压启动电路的原理图

(2) Y 启动，△ 运行。

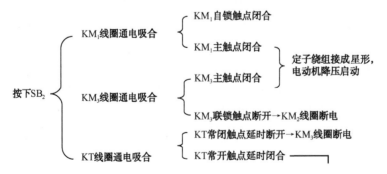

项目五 基本电气控制电路的安装 229

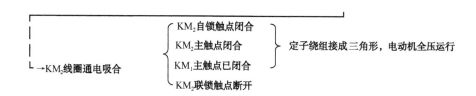

（3）停止。按下 SB_1→控制电路断电→KM_1、KM_2、KM_3 线圈断电释放→电动机 M 断电停车。

四、延边三角形降压启动

1. 延边三角形降压启动电路的工作原理

延边三角形降压启动控制线路是指电动机启动时，把定子绕组的一部分接成三角形，另一部分接成星形，使整个绕组接成延边三角形，待电动机启动后，再把定子绕组改接成三角形全压运行的控制线路。三相笼型异步电动机启动时，定子绕组一部分接成三角形，另一部分接成星形，使整个绕组接成延边三角形，如图 5-70（a）所示。待电动机启动后，再把定子绕组改接成三角形全压运行，如图 5-70（b）所示。这种启动方法称为延边三角形降压启动。

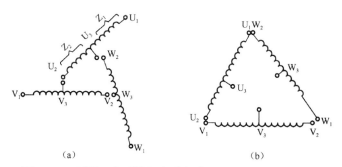

图 5-70 延边三角形降压启动电动机定子绕组的连接方式
（a）延边三角形连接；（b）三角形连接

延边三角形降压启动是在 Y-△ 变换降压启动的基础上加以改进而形成的一种启动方式，它把星形和三角形两种接法结合起来，使电动机每相定子绕组承受的电压小于三角形连接时的相电压，而大于星形连接时的相电压，并且每相绕组电压的大小可随电动机绕组抽头（U_3、V_3、W_3）位置的改变而调节，从而克服了 Y-△ 变换降压启动时启动电压偏低、启动转矩偏小的缺点。

图 5-71 所示是用由时间继电器实现的延边三角形降压启动的控制电路。

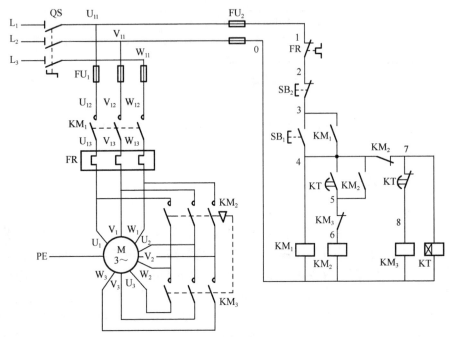

图 5-71 延边三角形降压启动的控制电路

2. 工作过程

闭合电源开关 QS。

(1) 延边三角形降压启动三角形运行。

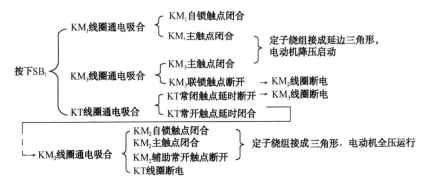

(2) 停止。按下 SB_2→控制电路断电→KM_1、KM_2、KM_3 线圈断电释放→电动机 M 断电停车。

知识链接二 顺序控制电路

当车床主轴转动时,要求油泵先给润滑油,主轴停止后,油泵方可停止润滑，即要求油泵电动机先启动，主轴电动机后启动，主轴电动机停止后，才允许油泵电动机停止，实现这种控制功能的电路就是顺序控制电路。在生产实践中，根据生产工艺的要求，经常要求各种运动部件之间或生产机械之间能够按顺序工作。

一、主电路实现电动机顺序控制的电路

1. 电气控制线路图

主电路实现顺序控制的电路如图 5-72 所示。

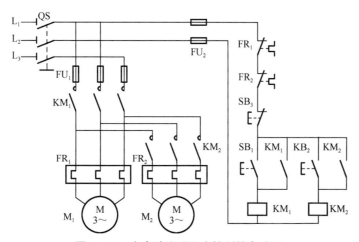

图 5-72 主电路实现顺序控制的电路图

2. 线路特点

电动机 M_2 主电路的交流接触器 KM_2 接在接触器 KM_1 之后，只有 KM_1 的主触点闭合后，KM_2 才可能闭合，这样就保证了 M_1 启动后，M_2 才能启动的顺序控制要求。

3. 线路工作过程

合上电源开关 QS。

按下 SB_1→KM_1 线圈得电→KM_1 主触点闭合→电动机 M_1 启动连续运转→再按下 SB_2→KM_2 线圈得电→KM_2 主触点闭合→电动机 M_2 启动连续运转。

按下 SB_3→KM_1 和 KM_2 主触点分断→电动机 M_1 和 M_2 同时停转。

二、控制电路实现顺序启动、逆序停止控制的电路

1. 电气控制线路图

顺序启动、逆序停止控制的电路如图 5-73 所示。

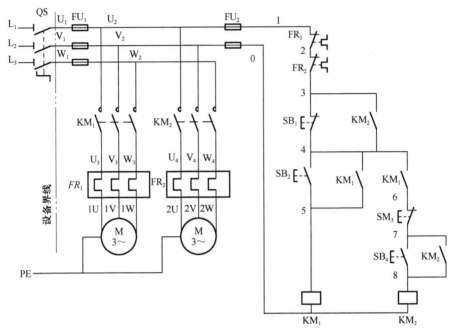

图 5-73 顺序启动、逆顺序停止控制的电路图

2. 线路特点

电动机 M_2 的控制电路先与接触器 KM_1 的线圈并接后，再与 KM_1 的自锁触点串联，而 KM_2 的常开触点与 SB_1 并联，这样就保证了 M_1 启动后，M_2 才能启动以及 M_2 停车后 M_1 才能停车的顺序控制要求。

3. 线路工作过程

合上电源开关 QS。

按下 $SB_2 \to KM_1$ 线圈得电 $\to KM_1$ 主触点闭合 $\to$ 电动机 M_1 启动连续运转 $\to$ 再按下 $SB_4 \to KM_2$ 线圈得电 $\to KM_2$ 主触点闭合 $\to$ 电动机 M_2 启动连续运转。

按下 $SB_3 \to KM_2$ 线圈失电 $\to KM_2$ 主触点分断和 KM_2 两个常开辅助触点断开 $\to$ 电动机 M_2 停转 $\to$ 再按下 $SB_1 \to KM_1$ 主触点分断和 KM_1 两个常开辅助触点断开 $\to$ 电动机 M_1 停转。

不同生产机械的控制要求不同，顺序控制电路有多种多样的形式，所以可以通过不同的电路来实现顺序控制功能，从而满足生产机械的控制要求，读者可自行总结。

知识链接三 多地控制电路

有些生产设备为了操作方便，需要在两地或多地控制一台电动机，例如普通铣床的控制电路,就是一种多地控制电路。这种能在两地或多地控制一台电动机的控制方式,就称为电动机的多地控制。在实际应用中,大多为两地控制。

一、工作原理图

如图 5-74 所示为两地控制的具有过载保护接触器自锁正转控制的电路图。其中 SB_{12} 和 SB_{11} 为安装在甲地的启动按钮和停止按钮;SB_{22} 和 SB_{21} 为安装在乙地的启动按钮和停止按钮。线路的特点是:两地的启动按钮 SB_{12} 和 SB_{22} 要并联接在一起,停止按钮 SB_{11} 和 SB_{21} 要串联接在一起。这样就可以分别在甲、乙两地启动和停止同一台电动机,从而达到操作方便的目的。对三地或多地控制,只要把各地的启动按钮并接、停止按钮串接就可以实现。

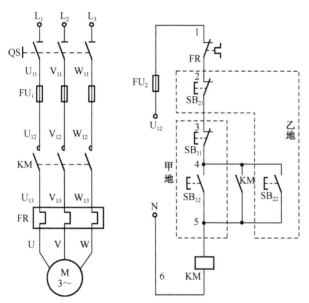

图 5-74 两地控制的电路图

想一想:三地控制如何实现?

二、工作过程

线路工作过程如下:

合上电源开关 QS。

按下甲地启动按钮 SB_{12}(或乙地启动按钮 SB_{22})→KM 线圈得电→KM 主触点闭合及其常开自锁触点闭合→电动机 M 启动连续运转,从而实现甲乙两地都可以启动。

按下甲地停车按钮 SB_{11}（或乙地停车按钮 SB_{21}）→KM 线圈失电→KM 主触点断开及其常开自锁触点断开→电动机 M 启动连续运转，从而实现甲乙两地都可以停车。

典型任务实施——三相异步电动机串电阻降压启动控制电路装接

本任务以时间继电器自动控制的定子串电阻降压启动为例。

一、使用的主要工具、仪表及器材

1. 电器元件

使用的主要电器元件见表 5–14。

表 5–14 电器元件明细表

代号	名称	推荐型号	推荐规格	数量
M	三相异步电动机	Y132S–4	5.5kW、380V、11.6A、△接法、1 440r/min	1
QS	组合开关	HZ10–25/3	三极、额定电流25A	1
FU_1	熔断器	RL1–60/25	500V、60A、配熔体额定电流25A	3
FU_2	熔断器	RL1–15/2	500V、15A、配熔体额定电流2A	2
KM_1、KM_2	交流接触器	CJ10–20	20A、线圈电压380V	2
KT	时间继电器	JS7–2A	线圈电压380V	1
FR	热继电器	JR16–20/3	三极、20A、整定电流11.6A	1
R	电阻器	ZX2–2/0.7	22.3A、7Ω、每片电阻0.7Ω	3
SB_1、SB_2	按钮	LA10–3H	保护式、按钮数3	2
XT_1	端子排	JX2–1015	10A、15节、380V	1
XT_2	端子排	JX2–1010	10A、10节、380V	1

2. 工具

测电笔、螺丝刀、尖嘴钳、斜口钳、剥线钳和电工刀等。

3. 仪表

ZC7（500V）型兆欧表、DT–9700 型钳形电流表、MF500 型万用表（或数字万用表 DT980）。

4. 器材

（1）控制板一块（600mm×500mm×20mm）。

(2) 导线规格：主电路采用 BV 1.5mm² （红色、绿色、黄色）；控制电路采用 BV 1mm² （黑色）；按钮线采用 BVR 0.75mm² （红色）；接地线采用 BVR 1.5mm² （黄绿双色）。导线数量由教师根据实际的情况确定。

(3) 紧固体和编码套管按实际需要发给。

二、项目实施步骤及工艺要求

(1) 绘制并读懂串电阻降压启动控制线路的电路图，明确线路所用的电路元件及其作用。

(2) 按表 5-14 所示配置所用的电器元件，并检验型号及性能。

(3) 在控制板上按图 5-75 所示的平面布置图安装电器元件，并标注上醒目的文字符号。

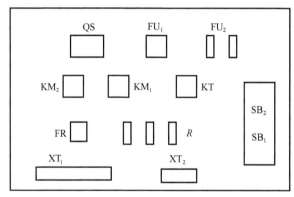

图 5-75　串电阻降压启动控制的平面布置图

(4) 按图 5-76 所示的接线图进行板前明线布线和套编码套管（注意：接线图中的 KM_1 和 KM_2 与原理图中的位置互换）。板前明线布线的工艺要求参照项目五任务一中 CJT1-10 型交流接触器的拆装。

(5) 根据图 5-64 所示的原理图检查控制板布线的正确性。

(6) 安装电动机。

(7) 连接电动机和按钮金属外壳的保护接地线。

(8) 连接电源、电动机等控制板外部的导线。

(9) 自检。

检查主电路时，可以用手动来代替受电线圈励磁吸合时的情况。

检查控制电路时，利用万用表的电阻挡或数字万用表的蜂鸣器检测接触器线圈的电阻、触点的通断情况、时间继电器线圈的电阻、延时触点的通断情况以及按钮动合、动断触点等。

(10) 通电试车。通电前必须征得教师同意，并由教师接通电源和现场监护。做好线路板的安装检查后，按安全操作规定进行试运行，即一人操作，一人监护。

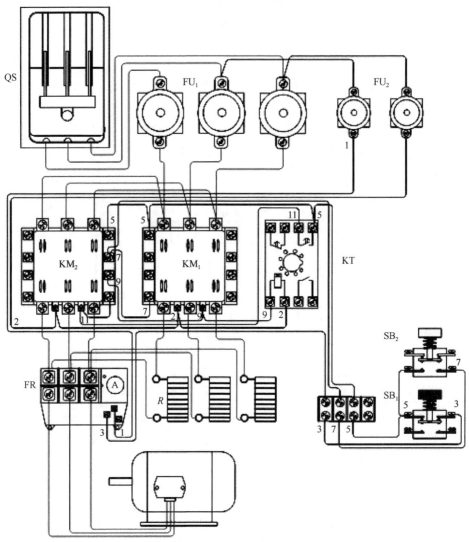

图 5-76　定子串电阻降压启动的控制接线图

三、工作质量评价

工作质量评价参照表 5-7 所示，定额时间由指导教师酌情增减。

特别提示：

(1) 主电路的两个交流接触器不能换相，否则会出现全压运行时电动机反转的现象。

(2) 时间继电器在全压运行时要断电,以便延长时间继电器的使用寿命。

典型任务实施——三相异步电动机 Y-△ 转换降压启动控制电路装接

本任务以时间继电器自动控制的星三角降压启动为例。

一、使用的主要工具、仪表及器材

1. 电器元件

使用的主要电器元件见表 5-15。

表 5-15 电器元件明细表

代号	名称	推荐型号	推荐规格	数量
M	三相异步电动机	Y132S-4	5.5kW、380V、11.6A、△接法、1 440r/min	1
QS	组合开关	HZ10-25/3	三极、额定电流25A	1
FU_1	熔断器	RL1-60/25	500V、60A、配熔体额定电流25A	3
FU_2	熔断器	RL1-15/2	500V、15A、配熔体额定电流2A	2
KM_1、KM_2、KM_3	交流接触器	CJ10-20	20A、线圈电压380V	3
KT	时间继电器	JS7-2A	线圈电压380V	1
FR	热继电器	JR16-20/3	三极、20A、整定电流11.6A	1
SB_1、SB_2	按钮	LA10-3H	保护式、按钮数3	1
XT_1	端子排	JX2-1015	10A、15节、380V	1

2. 工具

测电笔、螺丝刀、尖嘴钳、斜口钳、剥线钳和电工刀等。

3. 仪表

ZC7 (500V) 型兆欧表、DT-9700型钳形电流表、MF500型万用表(或数字万用表 DT980)。

4. 器材

(1) 控制板一块 (600mm×500mm×20mm)。

(2) 导线规格:主电路采用 BV 1.5mm² (红色、绿色、黄色);控制电路采用 BV 1mm² (黑色);按钮线采用 BVR 0.75mm² (红色);接地线采用 BVR 1.5mm² (黄绿双色)。导线数量由教师根据实际的情况确定。

(3) 紧固体和编码套管按实际需要发给，走线槽若干。

二、项目实施步骤及工艺要求

(1) 绘制并读懂 Y-△转换降压启动控制线路的电路图，明确线路所用的电器元件及其作用。

(2) 按表 5-15 所示配置所用的电器元件，并检验型号及性能。

(3) 在控制板上按图 5-77 所示的平面布置图安装电器元件，并标注上醒目的文字符号。

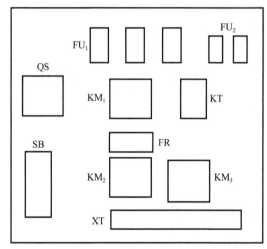

图 5-77 Y-△转换降压启动控制的平面布置图

(4) 按图 5-78 所示的接线图进行板前明线布线和套编码套管。板前明线布线的工艺要求参照项目五任务一中 CJT1-10 型交流接触器的拆装。

(5) 根据图 5-79 所示的接线样板图检查控制板布线的正确性。

①主电路接线检查。按电路图或接线图从电源端开始，逐段核对接线有无漏接、错接之处，检查导线接点是否符合要求，压接是否牢固，以免带负载运行时产生闪弧现象。检查主电路时，可以用手动来代替受电线圈励磁吸合时的情况。

②控制电路接线检查。用万用表电阻挡或数字万用表的蜂鸣器检查控制电路的接线情况。重点检测接触器线圈的电阻，触点的通断情况，时间继电器线圈的电阻，延时触点的通断以及按钮动合、动断触点的检测，热继电器的检测和熔断器的检测等。

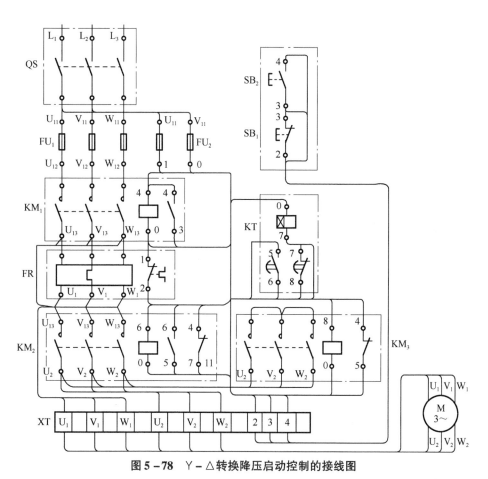

图 5-78　Y-△转换降压启动控制的接线图

（6）安装电动机。

（7）连接电动机和按钮金属外壳的保护接地线。

（8）连接电源、电动机等控制板外部的导线。

（9）通电试车。通电前必须征得教师同意，并由教师接通电源和现场监护。做好线路板的安装检查后，按安全操作规定进行试运行，即一人操作，一人监护。

接通三相电源 L_1、L_2、L_3，合上电源开关 QS，用测电笔检查熔断器的出线端，若氖管亮，则说明电源接通。然后分别按下 SB_2 和 SB_1，观察是否符合线路功能要求，观察电器元件动作是否灵活、有无卡阻及噪声过大现象，观察电动机运行是否正常。若有异常，应立即停车检查。

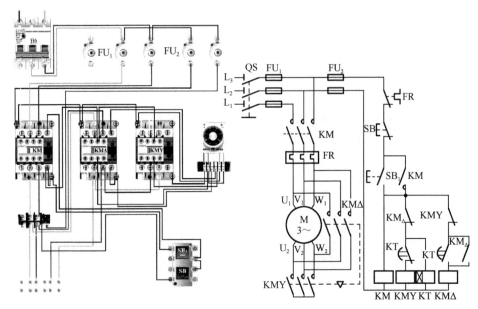

图 5-79　Y-△转换降压启动控制的接线样板图

三、电路的故障分析

Y-△转换降压启动控制电路的常见故障主要有：

（1）按下启动按钮 SB_2，电动机不能启动。

分析：主要原因可能是接触器接线有误，自锁、互锁没有实现。

（2）由星形接法无法正常切换到三角形接法，要么不切换，要么切换时间太短。

分析：主要原因是时间继电器接线有误或时间调整不当。

（3）启动时主电路短路。

分析：主要原因是主电路接线错误。

（4）星形启动过程正常，但三角形运行时电动机发出异常的声音，转速也急剧下降。

分析：接触器切换动作正常，表明控制电路接线无误，所以问题出现在接上电动机之后。从故障现象分析可知，很可能是电动机主回路接线有误，使电路由星形连接转到三角形连接时，送入电动机的电源顺序改变了，电动机由正常启动突然变成了反序电源制动，强大的反向制动电流造成了电动机转速的急剧下降和异常声音。

处理故障：核查主回路接触器及电动机接线端子的接线顺序。

四、注意事项

（1）电动机必须安放平稳，以防止在可逆运转时产生滚动而引发事故，并将其金属外壳可靠接地。进行 Y－△转换降压启动的电动机，必须有 6 个出线端子，且定子绕组在三角形接法时的额定电压等于 380V。

（2）要注意电路星三角转换降压启动的换接，电动机只能进行单向运转。

（3）要特别注意接触器的触点不能错接，否则会造成主电路短路事故的发生。

（4）接线时，不能将接触器的辅助触点进行互换，否则会造成电路短路等事故。

（5）通电校验时，应先合上 QS，检验 SB_2 按钮的控制是否正常，并在按 SB_2 后 6s，观察星三角转换降压启动的作用。

五、工作质量评价

工作质量评价参照表 5-7 所示，定额时间由指导教师酌情增减。

特别提示：

（1）Y－△转换降压启动电路，只适用于三角形接法的异步电动机。当进行 Y－△转换降压启动接线时，应先将电动机接线盒的连接片拆除，且必须将电动机的 6 个出线端子全部引出。

（2）接线时要注意电动机的三角形接法不能接错，应将电动机定子绕组的 U_1、V_1、W_1 通过 KM_2 接触器分别与 W_2、U_2、V_2 相连，否则会产生短路现象。

（3）KM_3 接触器的进线必须从三相绕组的末端引入，若误将首端引入，则当 KM_3 接触器吸合时，会产生三相电源短路事故。

（4）接线时应特别注意电动机的首尾端接线相序不可有错，如果接线有错，则在通电运行会出现启动时电动机左转，运行时电动机右转，因为电动机突然反转会使电流剧增，从而烧毁电动机或造成掉闸事故。

典型任务实施——顺序控制电路装接

本任务以某车床为例。

一、使用的主要工具、仪表及器材

1. 电器元件

使用的主要电器元件见表 5-16。

表 5-16 电器元件明细表

代号	名称	推荐型号	推荐规格	数量
M	三相异步电动机	Y-112M-4	4kW、380V、11.6A、△接法、1 440r/min	1
M	三相异步电动机	Y90S-2	1.5kW、380V、3.4A、Y接法、2 845r/min	1
QF	低压断路器	DZ5-20/330	三极、额定电流 25A	1
FU	熔断器	RL1-15/2	500V、15A、配熔体额定电流 2A	2
KM_1、KM_2	交流接触器	CJ10-20	20A、线圈电压 380V	2
FR_1	热继电器	JR16-20/3	三极、20A、整定电流 11.6A	1
FR_2	热继电器	JR16—10/3	三极、10A、整定电流 8.3A	1
SB_1-SB_4	按钮	LA10-3H	保护式、复合按钮（停车用红色）	4
XT_1	端子排	JX2-1015	10A、15 节、380V	1
XT_2	端子排	JX2-1010	10A、10 节、380V	1

2. 工具

测电笔、螺丝刀、尖嘴钳、斜口钳、剥线钳和电工刀等。

3. 仪表

ZC7（500V）型兆欧表、DT-9700 型钳形电流表、MF500 型万用表（或数字万用表 DT980）。

4. 器材

（1）控制板一块（600mm×500mm×20mm）。

（2）导线规格：主电路采用 BV 1.5mm^2（红色、绿色、黄色）；控制电路采用 BV 1mm^2（黑色）；按钮线采用 BVR 0.75mm^2（红色）；接地线采用 BVR 1.5mm^2（黄绿双色）。导线数量由教师根据实际的情况确定。

（3）紧固体和编码套管按实际需要发给，走线槽若干。

二、项目实施步骤及工艺要求

（1）绘制并读懂顺序控制线路的电路图，如图 5-80 所示，给线路元件编号，明确线路所用的电器元件及其作用。

（2）按表 5-16 所示配置所用的电器元件，并检验型号及性能。

（3）在控制板上按图 5-81 所示的平面布置图安装电器元件，并标注上醒目的文字符号。

项目五　基本电气控制电路的安装　243

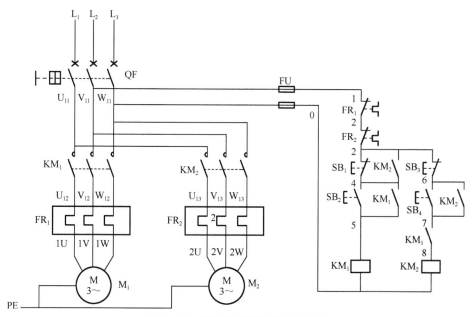

图 5-80　某车床顺序控制的电路图

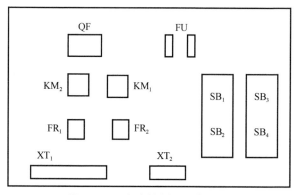

图 5-81　顺序控制平面布置图

（4）按如图5-82所示的接线图进行板前明线布线和套编码套管。板前明线布线的工艺要求参照项目五任务一中CJT1-10型交流接触器的拆装。

（5）根据如图5-80所示的电路图检查控制板布线的正确性。

①主电路接线检查。按电路图或接线图从电源端开始，逐段核对接线有无漏接、错接之处，检查导线接点是否符合要求，压接是否牢固，以免带负载运行时产生闪弧现象。检查主电路时，可以用手动来代替受电线圈励磁吸合时的情况。

②控制电路接线检查。用万用表电阻挡或数字万用表的蜂鸣器检查控制电路的接线情况，应重点对按钮和接触器触点的接线进行检测。

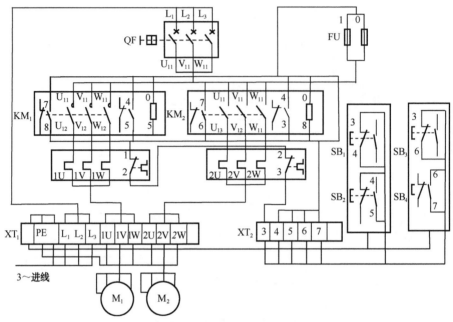

图 5-82 顺序控制的接线图

(6) 安装电动机。

(7) 连接电动机和按钮金属外壳的保护接地线。

(8) 连接电源、电动机等控制板外部的导线。

(9) 通电试车。通电前必须征得教师同意,并由教师接通电源和现场监护。做好线路板的安装检查后,按安全操作规定进行试运行,即一人操作,一人监护。

接通三相电源 L_1、L_2、L_3,合上电源开关 QS,用测电笔检查熔断器的出线端,若氖管亮,则说明电源接通。然后分别按下启动按钮 SB_2 和 SB_4 以及停车按钮 SB_3 和 SB_1,观察是否符合线路功能要求,观察电器元件动作是否灵活、有无卡阻及噪声过大现象,观察电动机运行是否正常。若有异常,应立即停车检查。

三、故障分析

顺序控制电路常见的故障主要有:

(1) KM_1 不能实现自锁。

分析:原因可能有两个:

①KM_1 的辅助接点接错,接成常闭接点,KM_1 吸合常闭断开,所以没有自锁。

②KM_1 常开和 KM_2 常闭位置接错,KM_1 吸合时 KM_2 还未吸合,KM_2 的辅助常开是断开的,所以 KM_1 不能自锁。

(2) 不能实现顺序启动,可以先启动 KM_2。

分析:KM_2 可以先启动,说明 KM_2 控制电路中的 KM_1 常开互锁辅助触头没起作用,KM_1 的互锁触头接错或没接,所以这就使得 KM_2 不受 KM_1 的控制而可以直接启动。

(3) 不能顺序停止,KM_1 能先停止。

分析:KM_1 能停止,这说明 SB_1 起作用,并接的 KM_2 常开接点没起作用。原因可能在以下两个地方:

① 并接在 SB_1 两端的 KM_2 辅助常开接点未接。
② 并接在 SB_1 两端的 KM_2 辅助接点接成了常闭接点。

(4) SB_1 不能停止。

分析:原因可能是 KM_1 接触器用了两个辅助常开接点,KM_2 只用了一个辅助常开接点,SB_1 两端并接的不是 KM_2 的常开而是 KM_1 的常开。由于 KM_1 自锁后常开闭合,所以 SB_1 不起作用。

四、工作质量评价

工作质量评价参照表 5-7 所示,定额时间由指导教师酌情增减。

特别提示:

(1) 要求甲接触器 KM_1 动作后乙接触器 KM_2 才能动作,然后将甲接触器的常开触点串接在乙接触器的线圈电路中。

(2) 要求乙接触器 KM_2 停止后甲接触器 KM_1 才能停止,然后将乙接触器的常开触点并接在甲停止按钮的两端。

典型任务实施——三相异步电动机多地控制电路装接

本任务以甲、乙两地对独立的同一台电动机实现控制为例。

一、使用的主要工具、仪表及器材

1. 电器元件

使用的电器元件见表 5-17。

表 5-17 电器元件明细表

代号	名称	推荐型号	推荐规格	数量
M	三相异步电动机	Y132S-4	5.5kW、380V、11.6A、△接法、1 440r/min	1
QS	组合开关	HZ10-25/3	三极、额定电流25A	1
FU_1	熔断器	RL1-60/25	500V、60A、配熔体额定电流25A	3
FU_2	熔断器	RL1-15/2	500V、15A、配熔体额定电流2A	1

续表

代 号	名 称	推荐型号	推荐规格	数 量
KM	交流接触器	CJ10-20	20A、线圈电压220V	1
FR	热继电器	JR16-20/3	三极、20A、整定电流11.6A	1
SB_{11}、SB_{21}	按钮	LA10-H	保护式、红色	2
SB_{12}、SB_{22}	按钮	LA10-H	保护式、绿色	2
XT	端子排	JX2-1015	10A、15节、380V	1

2. 工具

测电笔、螺丝刀、尖嘴钳、斜口钳、剥线钳和电工刀等。

3. 仪表

ZC7（500V）型兆欧表、DT-9700型钳形电流表、MF500型万用表（或数字万用表DT980）。

4. 器材

（1）控制板一块（600mm×500mm×20mm）。

（2）导线规格：主电路采用BV 1.5mm^2（红色、绿色、黄色）；控制电路采用BV 1mm^2（黑色）；按钮线采用BVR 0.75mm^2（红色）；接地线采用BVR 1.5mm^2（黄绿双色）。导线数量由教师根据实际的情况确定。

（3）紧固体和编码套管按实际需要发给。

二、项目实施步骤及工艺要求

（1）绘制并读懂多地控制线路的电路图，给线路元件编号，明确线路所用的电器元件及其作用。

（2）按表5-17所示配置所用的电器元件，并检验型号及性能。

（3）在控制板上按如图5-83所示的平面布置图安装电器元件，并标注上醒目的文字符号。

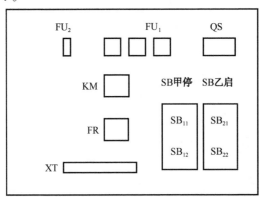

图5-83 多地控制电路的平面布置图

（4）按如图 5-84 所示的接线图进行板前明线布线和套编码套管。操作者应画出实际接线图（标号相同的点是同电位点，可用导线互相连接起来，但应注意每个点上不能超过两根导线）。板前明线布线的工艺要求参照项目五任务一 CJT1-10 型交流接触器的拆装。

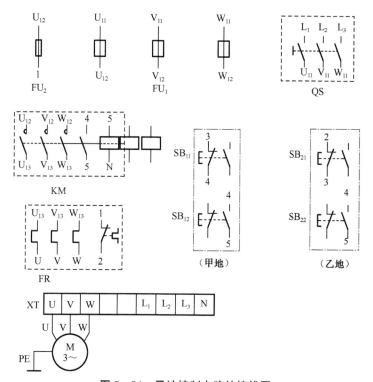

图 5-84 异地控制电路的接线图

（5）根据如图 5-83 所示的平面布置图检查控制板布线的正确性。

（6）安装电动机。

（7）连接电动机和按钮金属外壳的保护接地线。

（8）连接电源、电动机等控制板外部的导线。

（9）自检。

主电路检查：可以用手动来代替受电线圈励磁吸合时的情况。按电路图或接线图从电源端开始，逐段核对接线有无漏接、错接之处，检查导线接点是否符合要求，压接是否牢固。

控制电路接线检查：用万用表电阻挡（或数字万用表的蜂鸣器通断挡进行检测）来检查控制电路的接线情况。

(10) 通电试车。通电前必须征得教师同意,并由教师接通电源和现场监护。做好线路板的安装检查后,按安全操作规定进行试运行,即一人操作,一人监护。

三、工作质量评价

工作质量评价参照表 5-7 所示,定额时间由指导教师酌情增减。

特别提示:
(1) 遵守安全操作规程,先接线,后检查,然后再通电。
(2) 学生应该团队协作,学会思考,举一反三,善于总结。
(3) 在操作训练时,应将甲、乙两地的启动按钮和停止按钮分别放在两个不同的位置上,并将启动按钮并联,停车按钮串联。

知识链接三 制动控制电路

三相笼型异步电动机切断电源后,由于惯性总要经过一段时间后才能完全停止。所以为了缩短时间,提高生产效率和加工精度,要求生产机械能迅速准确地停车。采取一定措施使三相笼型异步电动机在切断电源后能迅速准确停车的过程,称为三相笼型异步电动机的制动。

三相笼型异步电动机的制动方法分为机械制动和电气制动两大类。在切断电源后,利用机械装置使三相笼型异步电动机迅速准确停车的制动方法称为机械制动,应用较普遍的机械制动装置有电磁抱闸和电磁离合器两种。而在切断电源后,能产生和电动机实际旋转方向相反的电磁力矩(制动力矩),使三相笼型异步电动机迅速准确停车的制动方法称为电气制动。常用的电气制动方法有反接制动、能耗制动和发电反馈制动等。

一、机械制动

机械制动是指用电磁铁操纵机械机构进行的制动,包括电磁抱闸制动和电磁离合器制动等。

电磁抱闸的基本结构如图 5-85 所示,它的主要工作部分是电磁铁和闸瓦制动器。

电磁抱闸的控制电路如图 5-86 所示,其中电磁线圈由 380V 交流供电。

电磁抱闸控制电路的工作过程:按下启动按钮 SB_2,接触器 KM 线圈通电,其自锁触头和主触头闭合,电动机 M 得电。同时,抱闸电磁线圈通电,电磁铁产生磁场力吸合衔铁,从而带动制动杠杆动作,推动闸瓦松开闸轮,使电动机启动运转。

当停车时,按下停车按钮 SB_1,则 KM 线圈断电,电动机绕组和电磁抱闸线圈同时断电，电磁铁衔铁释放，弹簧的弹力使闸瓦紧紧抱住闸轮，从而使电动机立即停止转动。

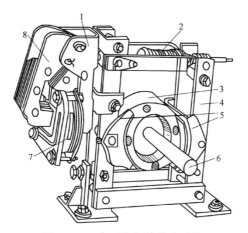

图 5-85　电磁抱闸的基本结构
1—铁芯；2—弹簧；3—闸轮；4—杠杆；5—闸瓦；6—轴；7—线圈；8—衔铁

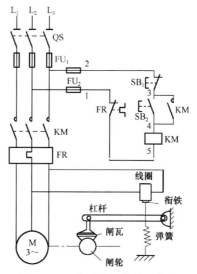

图 5-86　电磁抱闸的控制电路

特点：断电时，制动闸处于"抱住"状态。

适用场合：升降机械，防止发生电路断电或电气故障时，重物自行下落的情况。

图 5-87 所示是控制线路实物接线样板图，在进行电路装接时可参照此图进行。

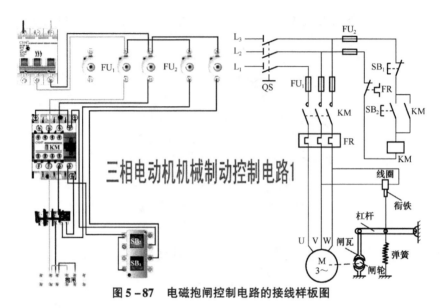

图 5-87 电磁抱闸控制电路的接线样板图

二、电气制动

1. 反接制动

反接制动是指将运动中的电动机电源反接（即将任意两根相线接法对调），以改变电动机定子绕组的电源相序，使定子绕组产生反向的旋转磁场，从而使转子由于受到与原旋转方向相反的制动力矩而迅速停转。反接制动的原理图如图 5-88 所示。

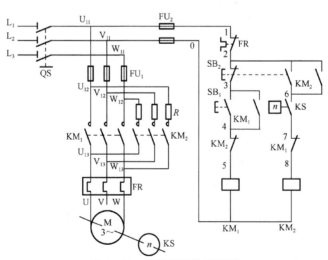

图 5-88 反接制动的原理图

工作过程如下：

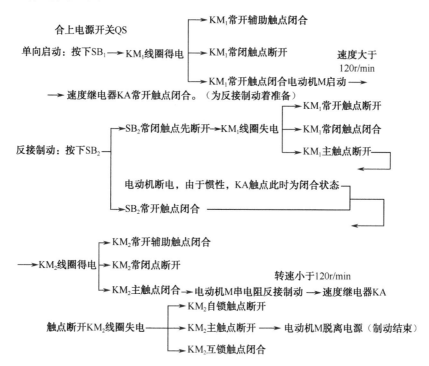

原理说明：电动机正常运转时，KM_1通电吸合，KS 的常开触点闭合，为反接制动作准备。按下停止按钮 SB_1，KM_1断电，但电动机定子绕组脱离三相电源，但电动机因惯性仍以很高的速度旋转，KS 常开触点仍保持闭合，然后将 SB_1按到底，使 SB_1常开触点闭合，KM_2通电并自锁，电动机定子串接电阻接上反相序电源，进入反接制动状态。电动机转速迅速下降，当电动机转速接近100r/min时，KS 常开触点复位，KM_2断电，电动机断电，反接制动结束。

特点：设备简单，制动力矩较大，冲击强烈，准确度不高。

适用场合：适用于要求制动迅速，制动不频繁的场合（如各种机床的主轴制动）。当容量较大（4.5kW 以上）的电动机采用反接制动时，须在主回路中串联限流电阻。但是，由于反接制动时，振动和冲击力较大，影响机床的精度，所以使用时受到一定的限制。

反接制动的关键是电动机电源相序的改变，当转速下降接近于零时，它能自动将反向电源切除，以防止反向再启动。

2. 能耗制动

能耗制动是指在三相笼型异步电动机脱离三相交流电源后，在定子绕组上加一个直流电源，使定子绕组产生一个静止的磁场，当电动机在惯性作用下继续旋转时会产生感应电流,该感应电流与静止的磁场相互作用产生一个与电动机旋转方向相反的电磁转矩(制动转矩),从而使电动机迅速停转。能耗制动的控制形式比较多,下面以全波整流、时间控制原则为例来说明。能耗制动的原理如图5-89所示。

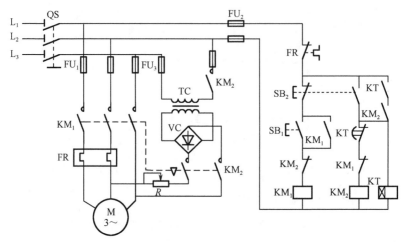

图5-89 能耗制动的原理图

能耗制动的工作过程如下:

先合上电源开关QS。

(1) 启动过程。

(2) 制动停车过程。

特点(与反接制动相比):优点是能耗小,制动电流小,制动准确度较高,制动转矩平滑;缺点是需直流电源整流装置,设备费用高,制动力较弱,制动转矩与转速成比例减小。

适用场合:适用于电动机能量较大,要求制动平稳、制动频繁以及停位准确的场合。能耗制动是一种应用很广泛的电气制动方法,常应用于铣床、龙门刨床及组合机床的主轴定位等。

说明：①主电路中的 R 用于调节制动电流的大小；②能耗制动结束后，应及时切除直流电源。

补充：KM_2 常开触点上方应串联 KT 瞬动常开触点，以防止 KT 出故障时其通电延时常闭触点无法断开，致使 KM_2 不能失电而导致电动机定子绕组长期通入直流电。

3. 回馈制动

回馈制动又称再生发电制动，它只适用于电动机转子转速 n 高于同步转速 n_1 的场合。

下面以起重机从高处下降重物为例来说明回馈制动的原理，如图 5-90 所示。

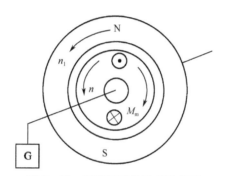

图 5-90　回馈制动的原理示意图

原理说明：电动机的转子转速 n 与定子旋转磁场的旋转方向相同，当电动机转子轴上受外力作用，且转子转速比旋转磁场的转速高（如起重机吊着重物下降）时，即 $n > n_1$，转子绕组切割旋转磁场，产生的感应电流的方向与原来电动机状态时的方向相反，所以电磁转矩方向也与转子旋转方向相反，所以电磁转矩变为制动转矩，从而使重物不致下降太快。

因为当转子转速大于旋转磁场的转速时，有电能从电动机的定子返回给电源，而实际上这时电动机已经转入发电机运行，所以这种制动称为回馈制动。

典型任务实施——制动控制电路装接

本任务以速度继电器控制的反接制动电路为例。

一、使用的主要工具、仪表及器材

1. 电器元件

使用的主要电器元件见表 5-18。

表 5-18 电器元件明细表

文字符号	名称	推荐型号	推荐规格	数量
M	三相异步电动机	Y112M-4	4kW、380V、6.8A、1 420r/min、△接法	1
QS	组合开关	HZ10-25/3	三极、额定电流 25A	1
FU_1	熔断器	RL1-60/25	500V、60A、配熔体额定电流 25A	3
FU_2	熔断器	RL1-15/2	500V、15A、配熔体额定电流 2A	1
KM	交流接触器	CJ10-20	20A、线圈电压 380V	2
FR	热继电器	JR16-20/3	三极、20A、整定电流 6.8A	1
R	电阻器	ZX2-2/0.7	22.3A、7Ω、每片电阻 0.7Ω	3
KS (SR)	速度继电器	JY1	额定转速（100～3 000r/min）、380V、2A、正转及反转触点各一对	1
SB_1、SB_2	按钮	LA25-11	绿色、复合按钮	2
SB_3	按钮	LA25-11	红色、复合按钮	1
XT	端子排	JX2-1020	10A、20 节、380V	1

2. 工具

测电笔、螺丝刀、尖嘴钳、斜口钳、剥线钳和电工刀等。

3. 仪表

ZC7（500V）型兆欧表、DT-9700 型钳形电流表、MF500 型万用表（或数字万用表 DT980）。

4. 器材

（1）控制板一块（600mm×500mm×20mm）。

（2）导线规格：主电路采用 BV 1.5mm^2（红色、绿色、黄色）；控制电路采用 BV 1mm^2（黑色）；按钮线采用 BVR 0.75mm^2（红色）；接地线采用 BVR 1.5mm^2（黄绿双色）。导线数量由教师根据实际的情况确定。

（3）紧固体和编码套管按实际需要发给。

二、项目实施步骤及工艺要求

（1）绘制并读懂制动控制电路的电路图，给线路元件编号，明确线路所用的电器元件及其作用。

（2）按表 5-18 所示配置所用的电器元件，并检验型号及性能。

（3）在控制板上按图 5-91 所示的平面布置图安装电器元件，并标注上醒目的文字符号。

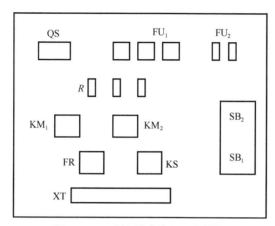

图 5-91 反接制动的平面布置图

（4）按如图 5-92 所示的接线图进行板前明线布线和套编码套管。操作者应画出实际接线图。板前明线布线的工艺要求参照项目五任务一中 CJT1-10 型交流接触器和拆装。

（5）根据图 5-92 所示的接线图检查控制板布线的正确性。

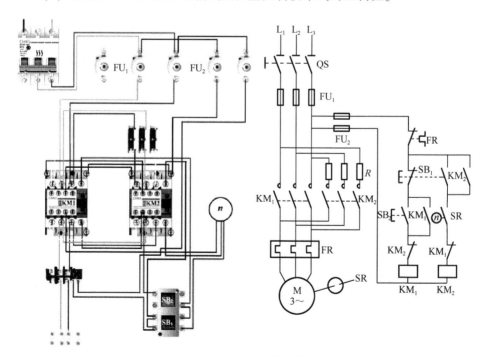

图 5-92 反接制动的接线图

(6) 安装电动机。
(7) 连接电动机和按钮金属外壳的保护接地线。
(8) 连接电源、电动机等控制板外部的导线。
(9) 自检。

主电路检查时：可以用手动来代替受电线圈励磁吸合时的情况。按电路图或接线图从电源端开始，逐段核对接线有无漏接、错接之处，检查导线接点是否符合要求，压接是否牢固。注意：主电路电源相序要改变，另外要串接制动电阻。

控制电路接线检查：用万用表电阻挡（或数字万用表的蜂鸣器通断挡进行检测）来检查控制电路的接线情况。注意控制电路的互锁触点和自锁触点不能接错，反向制动的联动复合按钮不能接错，速度继电器的触点不能接错。

(10) 通电试车。通电前必须征得教师同意，并由教师接通电源和现场监护。做好线路板的安装检查后，按安全操作规定进行试运行，即一人操作，一人监护。

三、工作质量评价

工作质量评价参照表 5-7 所示，定额时间由指导教师酌情增减。

特别提示：

(1) 两接触器用于联锁的常闭触点不能接错，否则会导致电路不能正常工作，甚至有短路隐患。

(2) 速度继电器的安装要规范，正反向触点的安装方向不能错，在反向制动结束后应及时切断反向电源，以避免电动机反向旋转。

(3) 在主电路中要接入制动电阻来限制制动电流。

练习与思考

1. 采用 Y-△变换降压启动对三相笼型电动机有何要求？
2. 如果启动时电动机一直运行在星形连接状态，不能转到三角形连接状态，会是什么原因？
3. Y-△变换降压启动控制回路中的一对互锁触头有何作用？若取消这对触头，则换接启动有何影响？可能会出现什么后果？
4. 试述三相笼型异步电动机降压启动的方法及各自特点。
5. 反接制动和能耗制动的主电路为何要接入制动电阻？
6. 试述反接制动电路的原理和注意事项。
7. 三相异步电动机有哪几种制动方式？各有何特点？

8. 试述异地控制电路的特点。
9. 试述顺序控制电路的特点。
10. 试述继电接触器控制电路装接的体会。

小 结

三相异步电动机控制线路的安装和调试在工矿企业生产中的应用非常广泛，具有较强的理论性和很强的实践性。本项目采用理实一体化的方式，主要介绍了三相异步电动机控制电路的原理、电路装接的方法及工艺要求，包括手动控制，点动控制，连续控制，点动与连续复合控制，正、反转控制，行程控制，降压启动，异地控制，顺序控制和制动控制线路的装接。

1. 手动控制是利用闸刀开关、铁壳开关、组合开关、空气开关、倒顺开关，并组合熔断器，以实现对电动机的手动起停控制。

2. 点动控制是指当需要电动机作短时断续工作时，只要按下按钮电动机就转动，松开按钮电动机就停止的控制。控制电路主要由一个接触器和启动按钮组成，连续控制电路是指在点动控制电路的基础上增加一个自锁触点和一个停车按钮以及热继电器。自锁是利用接触器的常开辅助触点与启动按钮并联，在接触器通电后给它的线圈提供另一条通路，以使启动按钮松开后接触器仍能保持通电。

3. 正、反转控制线路是指采用某一方式使电动机实现正、反转转向调换的控制。在工厂动力设备中通常采用改变接入三相异步电动机绕组的电源相序来实现。常见的控制线路有：接触器联锁、按钮联锁和双重联锁。联锁（互锁）是两个接触器在各自的控制电路中串入对方的常闭辅助触点（或复合按钮常闭触点），当一条控制电路接通时，另一条控制电路被切断。行程控制是利用行程开关将生产机械的行程转化为开关信号实现自动控制。

4. 行程开关安装在机械运动的合适位置，当运动撞块碰到行程开关时，如果切断控制电路，则机械停止运动，为限位控制；如果在切断控制电路的同时，又接通反向运动的控制电路，则可实现自动往返行程控制。

5. 降压启动是先将电源电压适当降低，加到三相异步电动机绕组上，待电动机启动后再使其电压恢复到额定值的启动。常见的降压启动有定子绕组回路串电阻或电抗器降压启动、定子绕组串自耦变压器降压启动、Y－△变换降压启动、延边三角形降压启动四种方法。

6. 异地控制是在几个地方独立对同一台电动机实现起停控制，特点是启动按钮并联，停止按钮串联。

7. 两台电动机顺序启动的联锁方法是将先启动的接触器常开触点与后启动的控制电路相串联。两台电动机按顺序停止的联锁方法是将先停的接触器常闭触点与后停的停止按钮相并联。

8. 制动是指电动机脱离电源后立即停转的过程。制动控制有机械制动和电气制动两大类。

9. 异步电动机的常规保护措施有短路保护、过载保护和失压、欠压保护。电路保护用熔断器、过载保护用热继电器，失压和欠压保护常用交流接触器。

10. 电器原理图分为主电路、控制电路和辅助电路三部分。要掌握常用元器件的图形符号和文字符号，掌握电气控制线路的规律。阅读电气原理图的步骤是先看主电路，再看控制电路和辅助电路，通常在读图之前还应了解生产机械对控制电路的要求。平面布置图和接线图是电路装接时的重要施工图，在电路装接是要事先绘制平面布置图和接线图，按图施工。

11. 电气控制线路装接的步骤是：

（1）阅读原理图。

（2）选择电器元件。

（3）配齐需要的工具，仪表和合适的导线。

（4）安装电气控制线路。

（5）连接电动机及保护接地线、电源线及控制电路板外部连接线。

（6）线路静电检测，包括学生自测和互测，以及老师检查。

（7）通电试车。

（8）结果评价。

12. 接线要按工艺要求进行，通电前先进行必要的检查，严格遵守操作规程，注意人身和设备安全，节约使用材料，团队协作，勤于思考，善于总结，勇于实践。

练习与思考

1. 在用倒顺开关手动实现三相异步电动机正、反转的电路中，要使电动机反转为什么要把手柄扳到"停止"使电动机 M 停转后，才能扳向"反转"使之反转？

2. 解释"自锁"和"互锁"的含义，并举例说明。

3. 在电动机起、停控制电路中，已装有接触器 KM，为什么还要装一个刀开关 QS？它们的作用有什么不同？

4. 在电动机启、停控制电路图中，如果将刀开关下面的三个熔断器改接到刀开关上面的电源线上是否合适？为什么？

5. 电动机主电路中已装有熔断器，为什么还要再装热继电器？它们各起什么作用？能不能互相替代？为什么？

6. 如图 5-93 所示的电动机启、停控制电路有何错误？应如何改正？

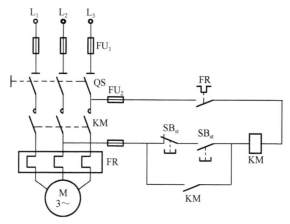

图 5-93　习题 6 图

7. 如果将连续运行的控制电路误接成如图 5-94 所示的电路，通电操作时会发生什么情况？

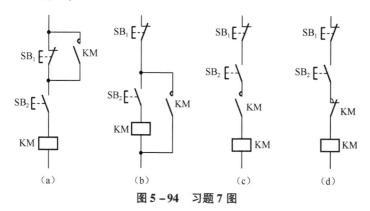

图 5-94　习题 7 图

8. 某机床的主轴和润滑油泵各由一台笼型异步电动机拖动，为其设计主电路和控制电路，控制要求如下：

（1）主轴电动机只能在油泵电动机启动后才能启动。

（2）若油泵电动机停车，则主轴电动机应同时停车。

(3) 主轴电动机可以单独停车。

(4) 两台电动机都需要短路保护和过载保护。

9. 画出 Y-△ 变换降压启动电气控制原理图，并说明工作过程。

10. 画出三相异步电动机三地控制（即三地均可启动、停止）的电气控制线路。

11. 试分析如图 5-95 所示电路的控制功能。

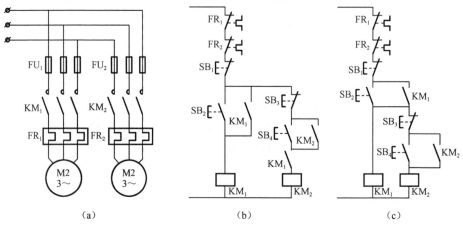

图 5-95 习题 11 图

(a) 控制主电路；(b) 控制主电路 a；(c) 控制主电路 b

12. 请分析如图 5-96 所示电路的控制功能，并说明工作过程。

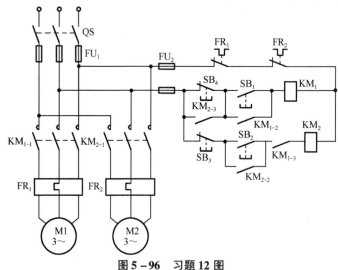

图 5-96 习题 12 图

13. 画出能耗制动的电气原理图，并说明工作过程。

14. 试设计出三种不同形式的点动和连续复合控制的电气控制原理图。
15. 画出双重互锁的电动机正、反转电气控制原路图，并说明其工作过程。
16. 画出行程开关控制的自动往返电气控制原理图，并说明其工作过程。
17. 写出继电接触器控制电路装接所需的工具和仪表。
18. 自行总结继电接触器控制电路装接的步骤。
19. 自行总结继电接触器控制电路装接的工艺要领。

附录

常用低压电器的图形和文字符号

常用低压电器的图形和文字符号标准分别见标准 GB4728—85 和标准 GB7159—87，如附表 1 所示。

附表 1 常用低压电器的图形和文字符号

分类	名称	图形符号	文字符号	分类	名称	图形符号	文字符号	分类	名称	图形符号	文字符号
开关	一般开关		SA		熔断器		FU	时间继电器触点	延时闭合常开		KT
	旋转开关			接触器	电磁线圈		KM		延时断开常闭		
	隔离开关		QS		常开主触点				延时断开常开		
	负荷开关				常开触点				延时闭合常闭		
	组合开关				常闭触点				单相变压器		T
	断路器		QF	热继电器	热元件		FR		控制变压器		TC
按钮	常开按钮		SB		常闭触点				三相自耦变压器		T
	常闭按钮			继电器线圈	中间继电器		KA		电流表		PA
	复合按钮				过电流继电器		KI		检流计		P

附录　常用低压电器的图形和文字符号　263

续表

分类	名称	图形符号	文字符号	分类	名称	图形符号	文字符号	分类	名称	图形符号	文字符号
行程开关	常开触点		SQ	继电器线圈	欠电压继电器	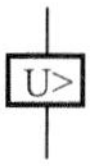 U>	KV		电压表	V	PV
	常闭触点				通电延时线圈	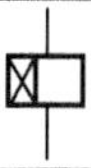	KT		功率表	W	PW
	复合触点				断电延时线圈				电度表	Wh	PJ
灯	指示灯	⊗	HL		电磁铁线圈		YA		三相笼型异步电动机	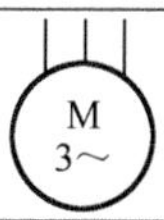 M 3~	M
	照明灯	⊗	EL		速度继电器常开触点	n	KS		三相绕线型异步电动机	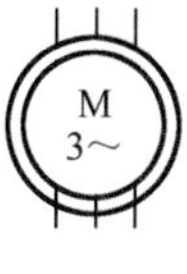 M 3~	

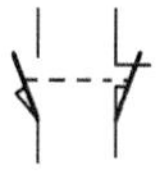

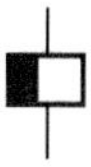

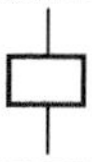

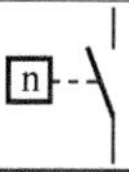